U0267128

北京中科院奥运村科技园百种昆虫生态图册

NATURAL HISTORY OF INSECTS WITH A 100-SPECIES PHOTOGRAPHIC GUIDE IN CAS OLIMPIC VILLAGE SCIENCE PARK,BEIJING,CHINA

张润志◎著

长江出版传媒 湖北科学技术出版社

图书在版编目(CIP)数据

北京中科院奥运村科技园百种昆虫生态图册/张润志著. —武汉:湖北科学技术出版社,2023.4
ISBN 978-7-5706-2494-2

Ⅰ.①北… Ⅱ.①张… Ⅲ.①昆虫－北京－图集
Ⅳ.①Q968.221

中国国家版本馆CIP数据核字(2023)第057331号

北京中科院奥运村科技园百种昆虫生态图册
BEIJING ZHONGKEYUAN AOYUNCUN KEJIYUAN BAIZHONG KUNCHONG SHENGTAI TUCE

责任编辑：彭永东
责任校对：王　璐　　封面设计：胡　博

出版发行：湖北科学技术出版社　　电话：027-87679424
地　　址：武汉市雄楚大街268号　　邮编：430070
（湖北出版文化城B座13-14层）
网　　址：http：//www.hbstp.com.cn

印　　刷：湖北新华印务有限公司　　邮编：430035

787×1092　1/16　　22印张　380千字
2023年4月第1版　　2023年4月第1次印刷
定价：560.00元

About The Author

作者简介

张润志　男，1965 年 6 月生。中国科学院动物研究所研究员、中国科学院大学岗位教授、博士生导师。2005 年获得国家杰出青年基金项目资助，2011 年获得中国科学院杰出科技成就奖，2019 年获得庆祝中华人民共和国成立 70 周年纪念章。主要从事鞘翅目象虫总科系统分类学研究以及外来入侵昆虫的鉴定、预警、检疫与综合治理技术研究。先后主持国家科技支撑项目、中国科学院知识创新工程重大项目、国家自然科学基金重点项目等。独立或与他人合作发表萧氏松茎象 *Hylobitelus xiaoi* Zhang 等新物种 148 种，获国家科技进步二等奖 3 项（其中 2 项为第一完成人，1 项为第二完成人），发表学术论文 200 余篇，出版专著、译著等 20 余部。

Preface

前言

中国科学院奥运村科技园位于北京市朝阳区国奥村南侧，东侧从南到北是 2008 年奥运会主会场鸟巢、奥运景观大道和奥森公园。中科院动物研究所、地理科学与资源研究所、遗传与发育生物学研究所、微生物研究所、北京基因组研究所、遥感应用研究所、国家天文台等坐落在奥运村科技园。2007 年中科院动物研究所迁入科技园后，建设并开放了国家动物博物馆，设有昆虫、动物多样性与进化、无脊椎动物、濒危动物、鸟、动物与人、蝴蝶和国门生物安全等展厅和一个 4D 动感影院，展示各种动物标本 5000 余种，已成为重要的科普教育基地和游人特别是青少年的重要参观场所。

因研究工作的关系，作者一直注意观察园区各种昆虫并拍摄图片。通过对园区内各种昆虫照片的整理，筛选了包括半翅目、蜚蠊目、鳞翅目、脉翅目、膜翅目、鞘翅目、双翅目、螳螂目、缨翅目和直翅目共 10 个目 100 种昆虫的图片 631 张，编辑成本图册。图册中既包括了美丽的“蜂鸟蛾（长喙天蛾）”，漂亮的蝴蝶，以及瓢虫和小蜂等天敌昆虫，也包括蟑螂、蚊子等害虫，还有美国白蛾、悬铃木方翅网蝽、烟粉虱、西花蓟马等我国需重点关注的入侵害虫。

图册中的图片均为作者拍摄。物种鉴定过程中，得到了中国农业大学杨定教授、彩万志教授和刘星月教授，北京林业大学武三安教授、广西师范大学周善义教授、华南农业大学王兴民教授、绵阳师范学院林美英教授、江苏第二师范学院宋志顺副教授、深圳职业技术学院阮用颖博士以及中国科学院动物研究所乔格侠研究员、朱朝东研究员、韩红香副研究员、梁红斌副研究员、姜春燕博士、路园园博士、黄正中博士以及罗心宇博士、李轩昆博士等多位分类学家的帮助，在此表示衷心感谢！图书的出版，得到国家林业和草原局野生动植物保护司“外来入侵物种普查”和农业农村部科技教育司“外来入侵物种调查”项目以及北京市园林绿化资源保护中心和北京林业有害生物防控协会的大力支持，在此深表谢意！

张润志

2022 年 12 月 31 日

目录 Contents

半翅目 Hemiptera

1. 斑衣蜡蝉 *Lycorma delicatula* (White)

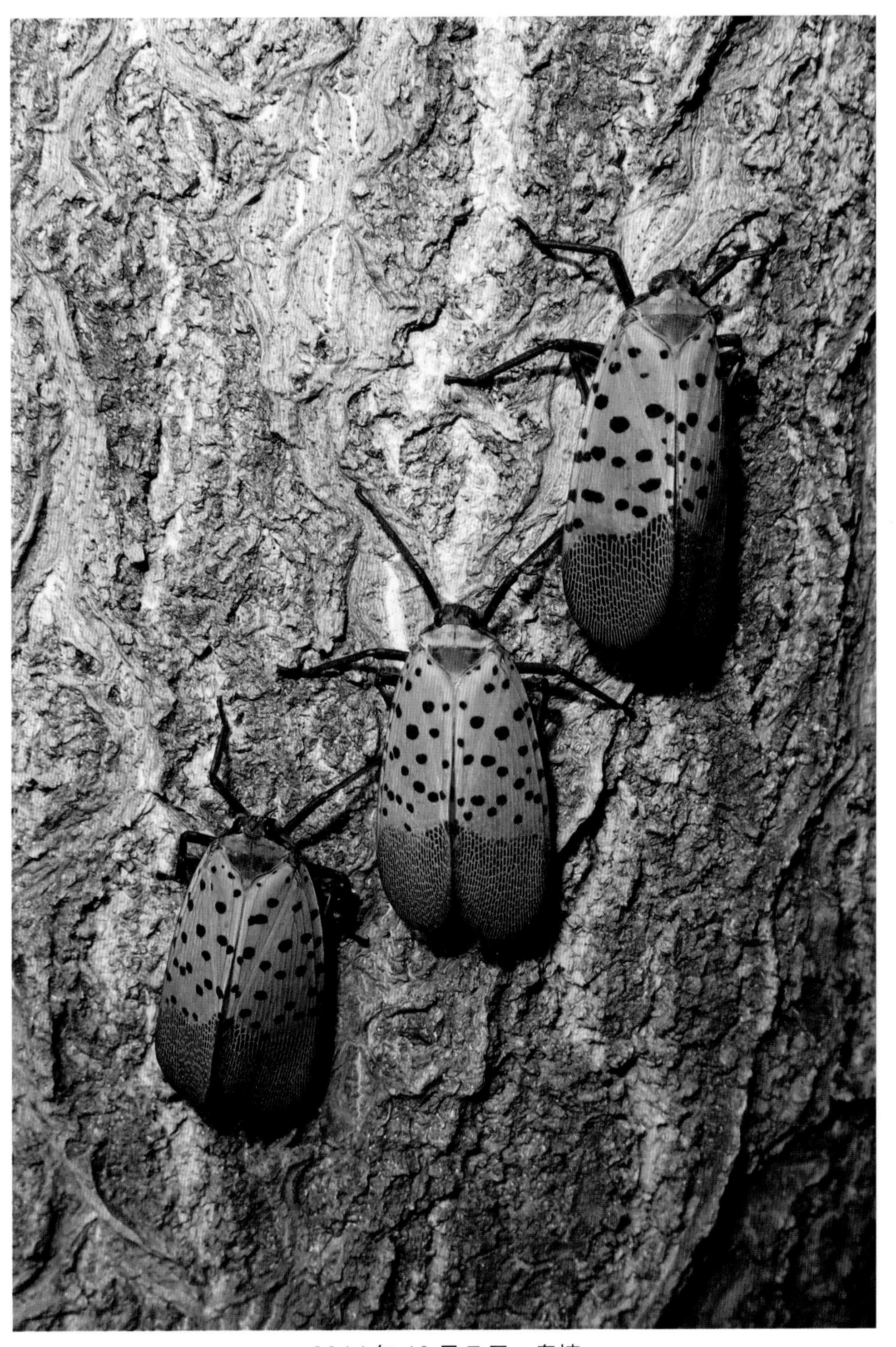

2014 年 10 月 7 日，臭椿

2012 年 8 月 23 日，臭椿

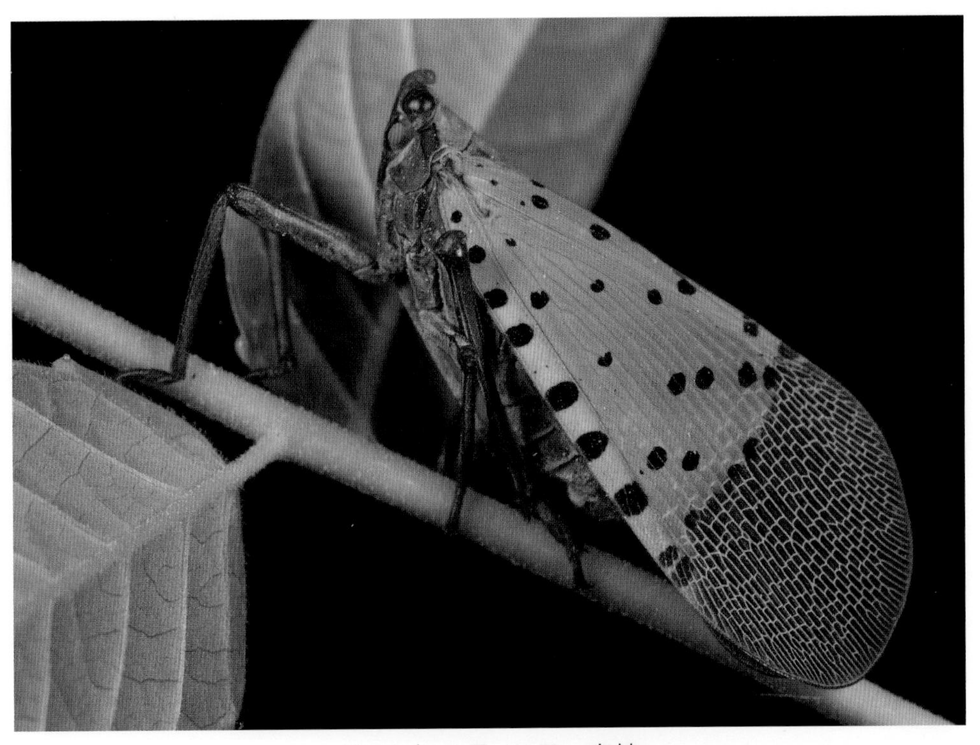

2020 年 7 月 17 日，臭椿

2020 年 9 月 13 日，臭椿

2022 年 10 月 9 日，臭椿

2022 年 10 月 9 日，臭椿

2022 年 10 月 9 日，臭椿

2022 年 10 月 10 日，臭椿

2012 年 8 月 23 日，臭椿

2012 年 8 月 23 日，臭椿

2021 年 3 月 21 日，卵块，臭椿

2021 年 3 月 21 日，卵块，臭椿

2017 年 2 月 12 日，卵块，臭椿

2017 年 2 月 12 日，卵，臭椿

2017 年 2 月 12 日，卵，臭椿

2017 年 4 月 17 日，卵及初孵若虫，臭椿

2017 年 4 月 17 日，卵及初孵若虫，臭椿

2017 年 3 月 6 日，一龄若虫，臭椿

2017 年 3 月 6 日，一龄若虫，臭椿

2017 年 3 月 6 日，一龄若虫，臭椿

2017 年 3 月 6 日，一龄若虫，臭椿

2017 年 3 月 6 日，一龄若虫，臭椿

2017 年 3 月 6 日，一龄若虫，臭椿

2017 年 4 月 17 日，一龄若虫，臭椿

2021 年 5 月 6 日，二三龄若虫，臭椿

2019 年 5 月 26 日，二三龄若虫，臭椿

2021 年 5 月 6 日，二三龄若虫，臭椿

2021 年 5 月 6 日，二三龄若虫，臭椿

2021 年 6 月 3 日，二三龄若虫，臭椿

2021 年 6 月 3 日，二三龄若虫，臭椿

2021 年 6 月 3 日，二三龄若虫，臭椿

2015 年 6 月 8 日，四龄若虫

2015 年 6 月 8 日，四龄若虫

2015 年 6 月 8 日，四龄若虫

2015 年 6 月 8 日，四龄若虫

2015 年 6 月 8 日，四龄若虫

2020 年 7 月 3 日，四龄若虫，臭椿

2020 年 7 月 3 日，四龄若虫，臭椿

2020 年 7 月 3 日，四龄若虫，臭椿

2020 年 7 月 3 日，四龄若虫，臭椿

2020 年 7 月 3 日，四龄若虫群体，臭椿

2020 年 7 月 3 日，四龄若虫群体，臭椿

2020 年 7 月 3 日，四龄若虫群体，臭椿

2020 年 7 月 5 日，四龄若虫群体，臭椿

2016 年 5 月 26 日，胶带防治，臭椿

2016 年 5 月 26 日，胶带防治，臭椿

2016 年 9 月 15 日，胶带防治，臭椿

2016 年 9 月 15 日，胶带防治，臭椿

2021 年 7 月 21 日，胶带防治，臭椿

2. 黑蚱蝉 *Cryptotymp anaatrata* F.

2019 年 7 月 6 日，蝉蜕

2019 年 7 月 6 日，蝉蜕

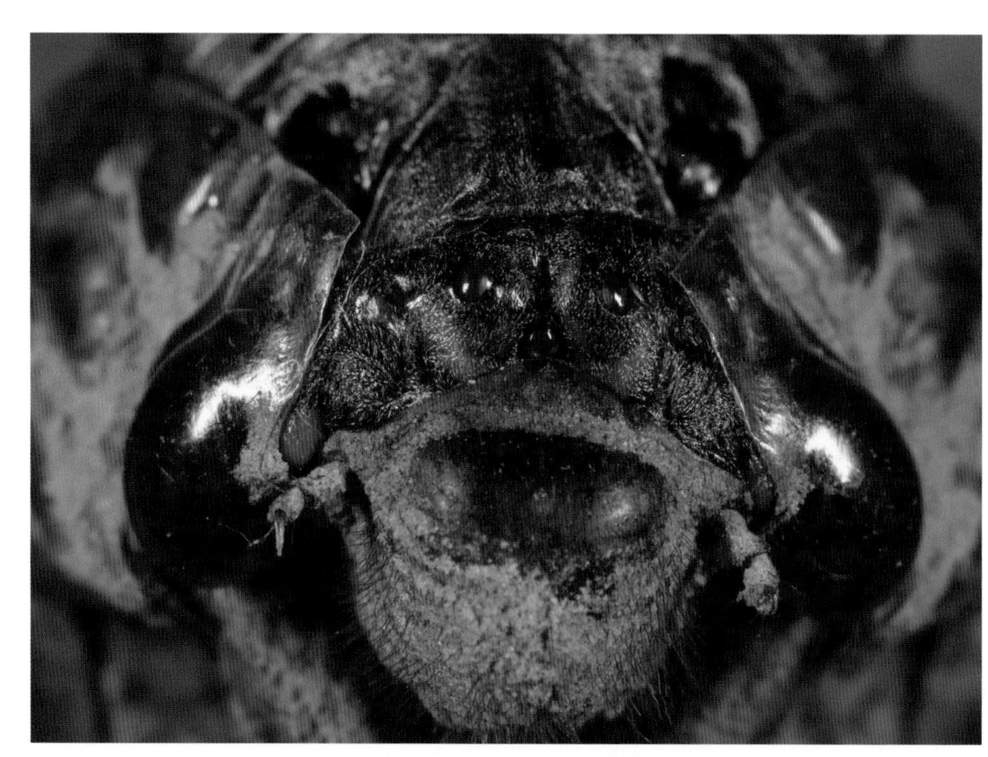

2019 年 7 月 6 日，蝉蜕

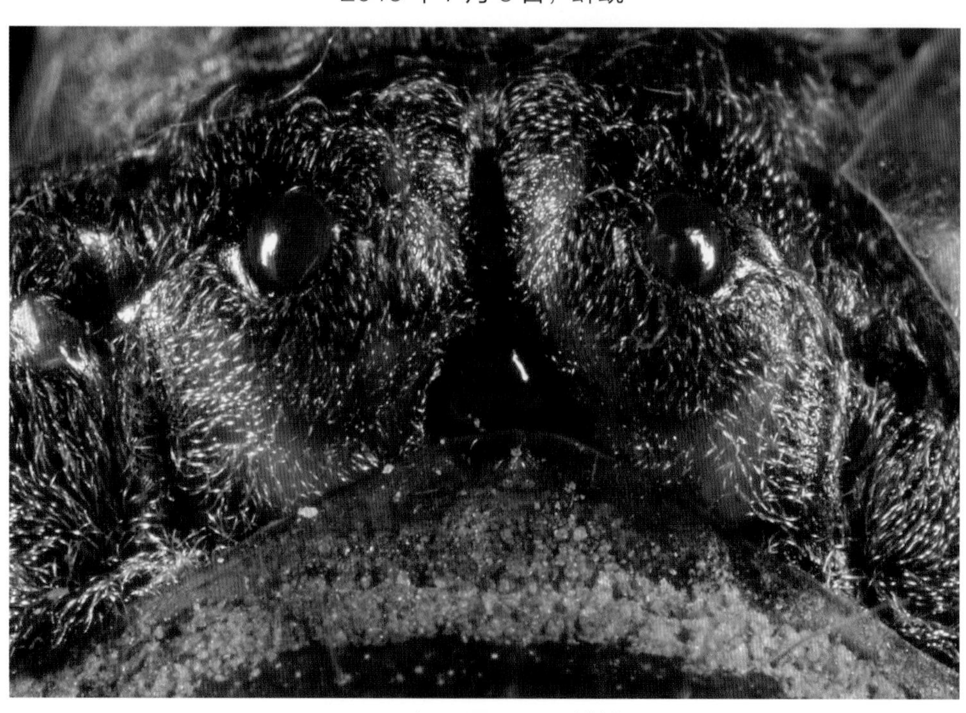

2019 年 7 月 6 日，蝉蜕

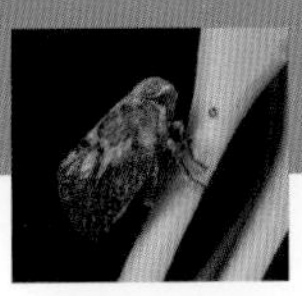

3. 恶性席瓢蜡蝉 *Dentatissus damnosus* (Chou *et* Lu)

2021 年 6 月 11 日，小叶黄杨

2021 年 6 月 11 日，小叶黄杨

2021 年 6 月 11 日，小叶黄杨

2021 年 6 月 11 日，小叶黄杨

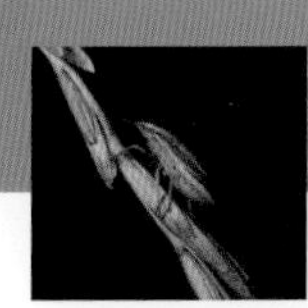

4. 华麦蝽 *Aelia fieberi* Scott

2021 年 7 月 26 日

2021 年 7 月 26 日

2021 年 7 月 26 日

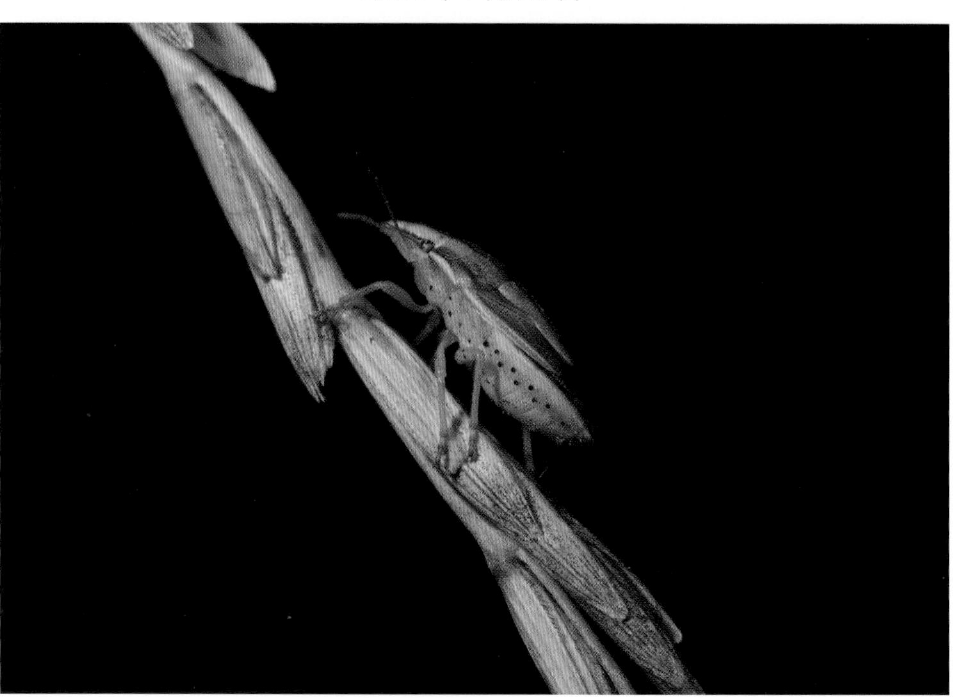

2021 年 7 月 26 日

5. 斑须蝽　*Dolycoris baccarum* (L.)

< 半翅目

蜚蠊目

鳞翅目

脉翅目

膜翅目

鞘翅目

双翅目

螳螂目

缨翅目

直翅目

2021年7月21日，燕麦

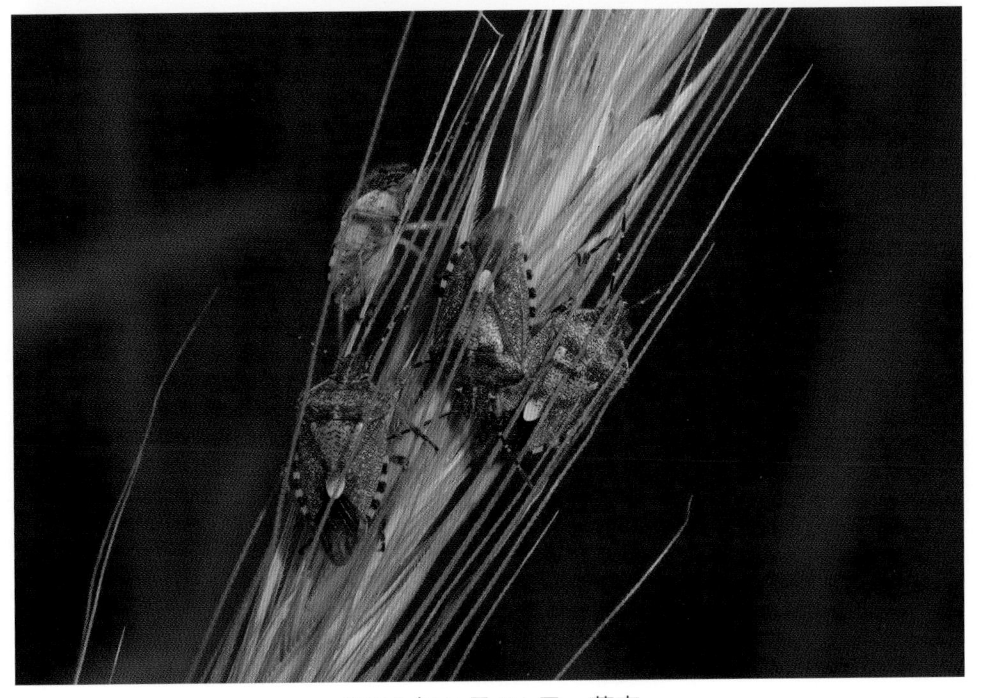

2021年7月21日，燕麦

6. 淡缘厚盲蝽 *Eurystylus costalis* (Stål)

半翅目 >
蜚蠊目
鳞翅目
脉翅目
膜翅目
鞘翅目
双翅目
螳螂目
缨翅目
直翅目

2021 年 8 月 29 日，紫薇

7. 白斑地长蝽 *Panaorus albomaculatus* (Scott)

2020 年 7 月 13 日

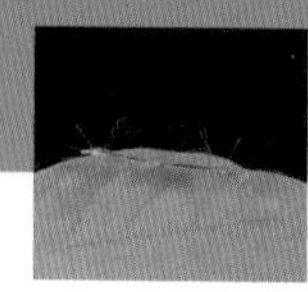

8. 锤胁跷蝽 *Yemma exilis* Horváth

2020 年 7 月 24 日，月季

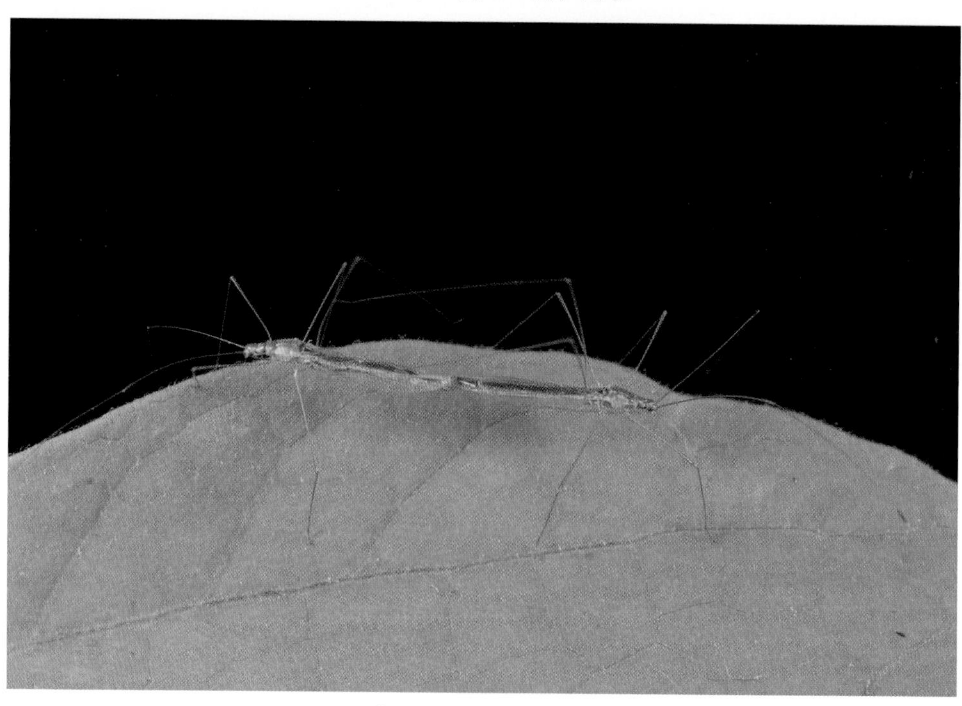

2020 年 7 月 17 日，大花蜀葵

2020 年 7 月 17 日，大花蜀葵

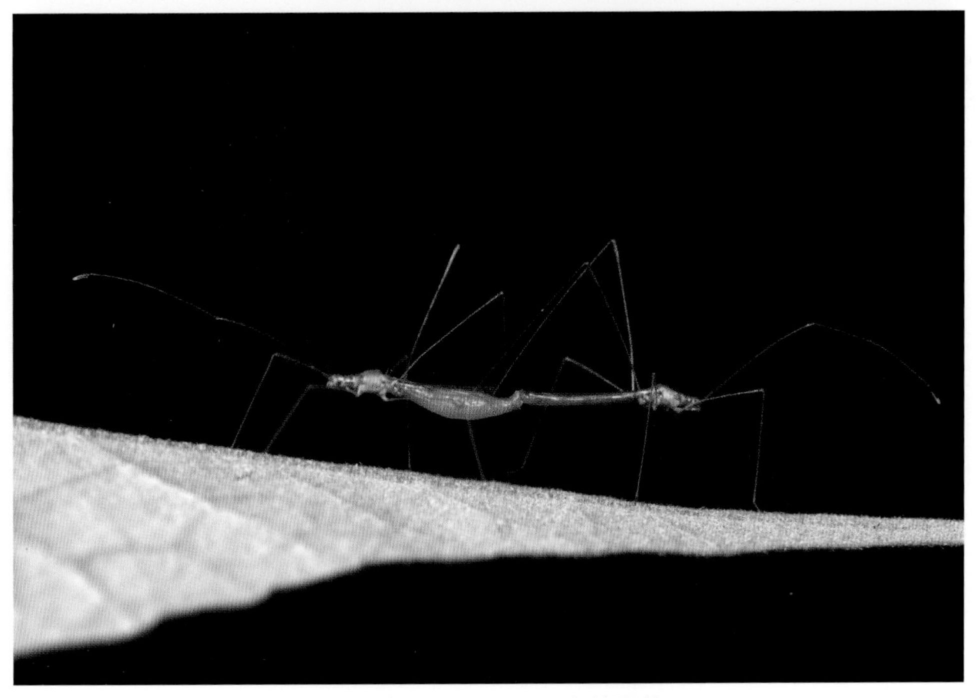

2020 年 7 月 17 日，大花蜀葵

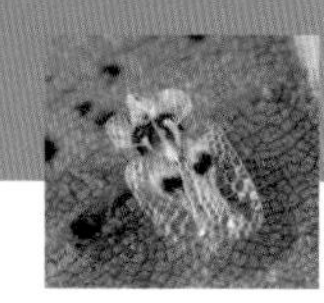

9. 悬铃木方翅网蝽 *Corythucha ciliate* Say

2015 年 9 月 30 日，成虫，悬铃木

2015 年 9 月 30 日，成虫，悬铃木

2015 年 9 月 30 日，成虫，悬铃木

2020 年 9 月 12 日，成虫，悬铃木

2020 年 9 月 12 日，成虫腹面，悬铃木

2020 年 8 月 27 日，成虫和若虫，悬铃木

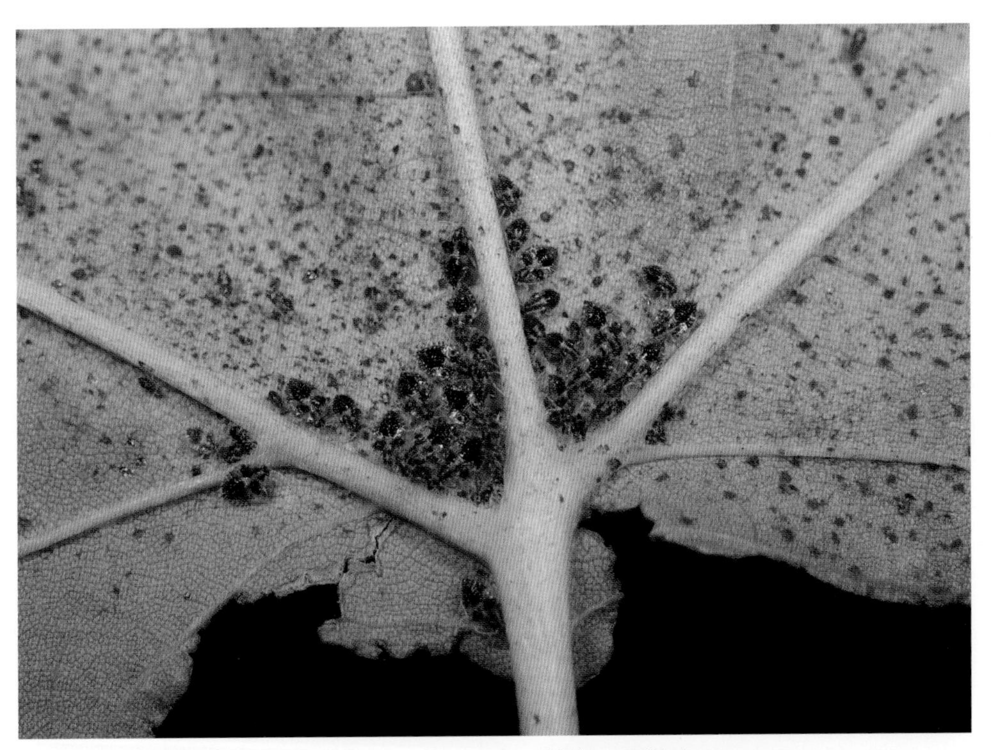

2020 年 8 月 27 日，若虫，悬铃木

2020 年 8 月 27 日，若虫，悬铃木

2020 年 8 月 27 日，若虫，悬铃木

2020 年 6 月 24 日，若虫，悬铃木

2020 年 8 月 27 日，若虫，悬铃木

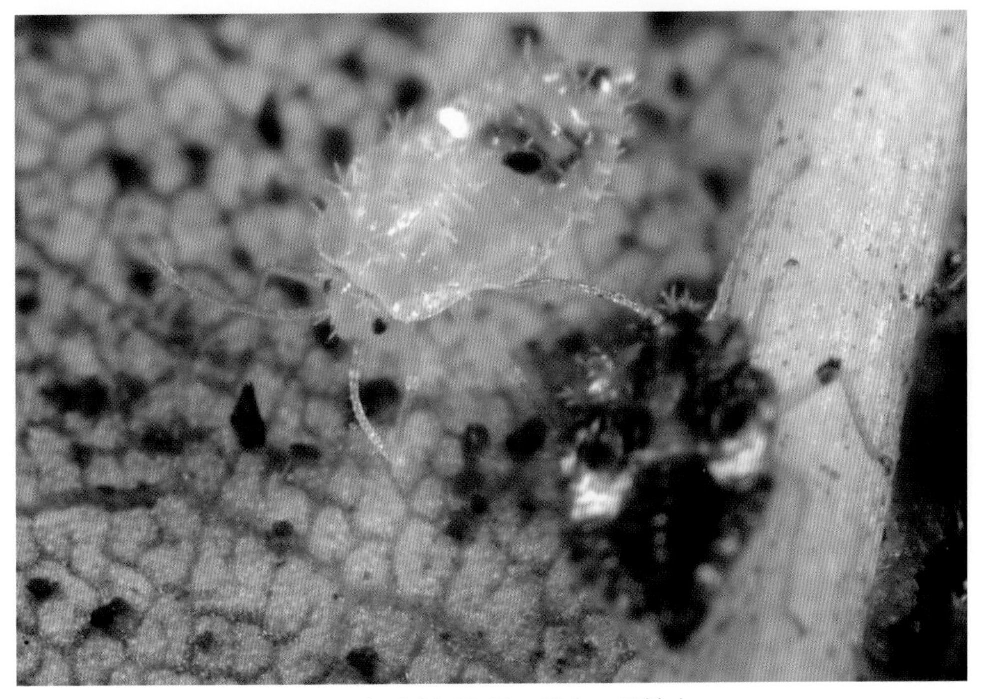

2020 年 8 月 27 日，若虫，悬铃木

2020 年 9 月 30 日，若虫，悬铃木

2021 年 3 月 6 日，越冬成虫，悬铃木

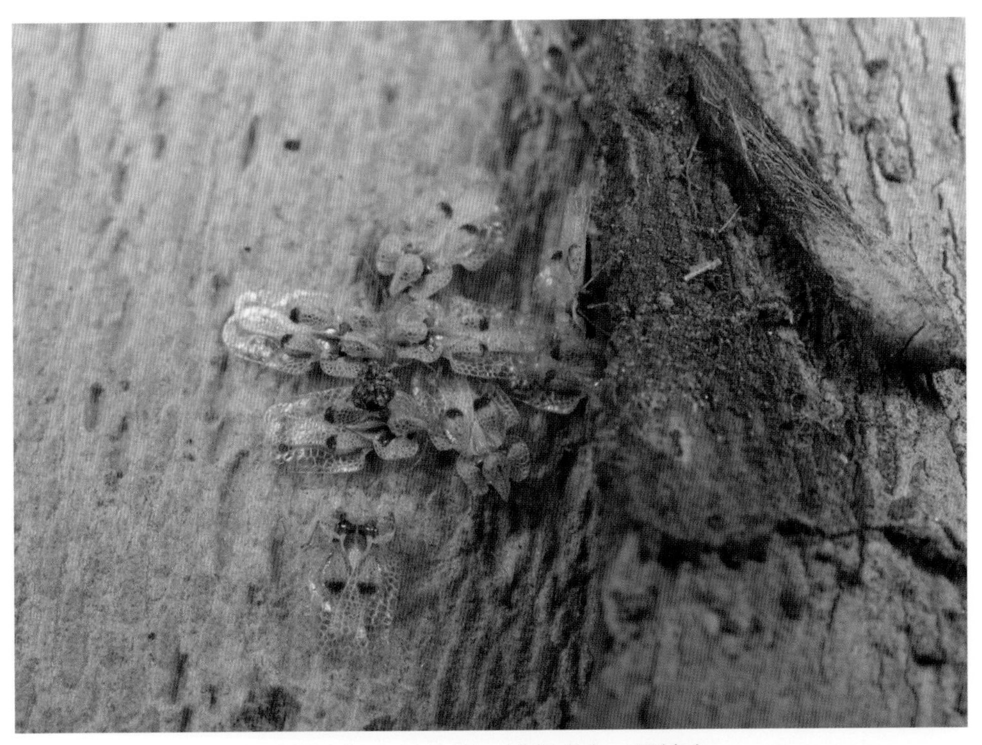

2021 年 3 月 7 日，越冬成虫，悬铃木

2021 年 3 月 7 日，越冬成虫，悬铃木

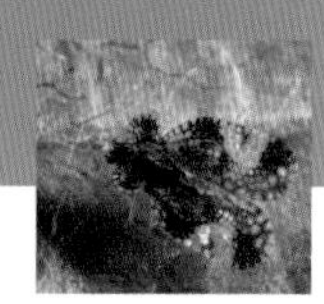

10. 梨冠网蝽　*Stephanitis nashi* Esaki *et* Takeya

2022 年 5 月 12 日，海棠

2022 年 5 月 12 日，海棠

2022 年 5 月 12 日，海棠

2022 年 5 月 12 日，海棠

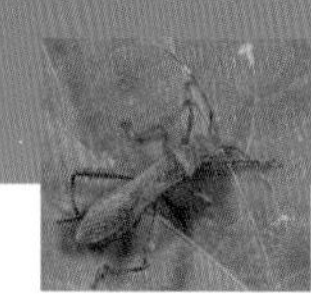

11. 点蜂缘蝽 *Riptortus pedestris* (F.)

2022 年 8 月 10 日，大豆

2020 年 8 月 23 日，大豆

2020 年 8 月 23 日，大豆

2020 年 8 月 23 日，大豆

2020 年 8 月 23 日，大豆

2022 年 8 月 10 日，大豆

12. 角蜡蚧 *Ceroplastes pseudoceriferus* Green

2020 年 8 月 27 日，山楂

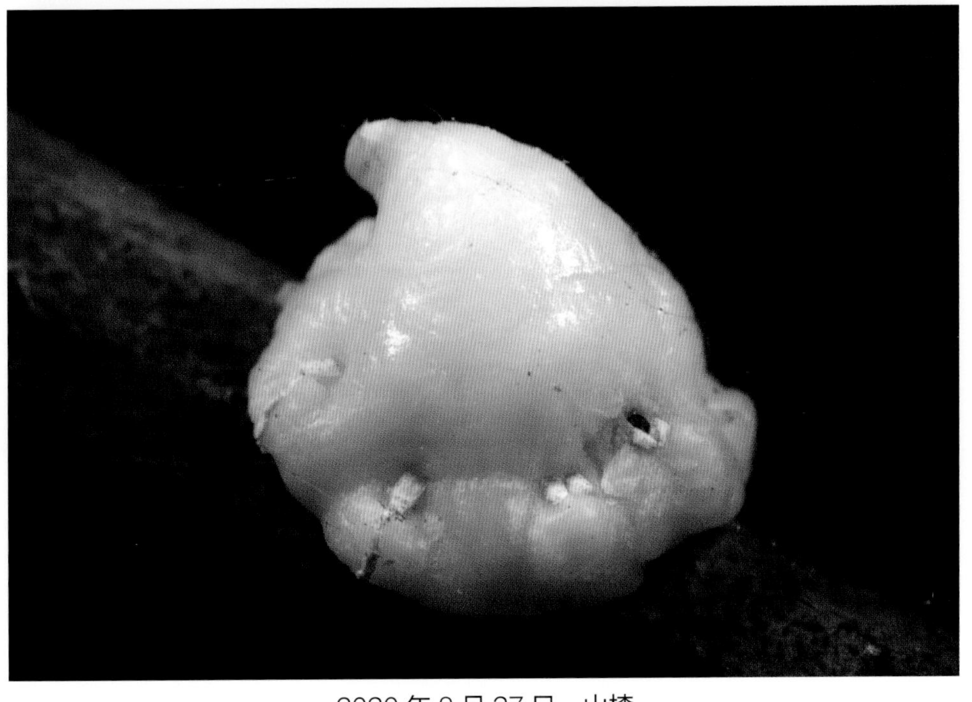

2020 年 8 月 27 日，山楂

2020 年 4 月 19 日，玉兰

2020 年 4 月 19 日，玉兰

2020 年 6 月 25 日，玉兰

2022 年 5 月 12 日，玉兰

2022 年 5 月 12 日，玉兰

2020 年 6 月 25 日，雌成虫和卵囊，玉兰

2020 年 6 月 25 日，卵囊，玉兰

2022 年 5 月 12 日，雌成虫和卵囊，玉兰

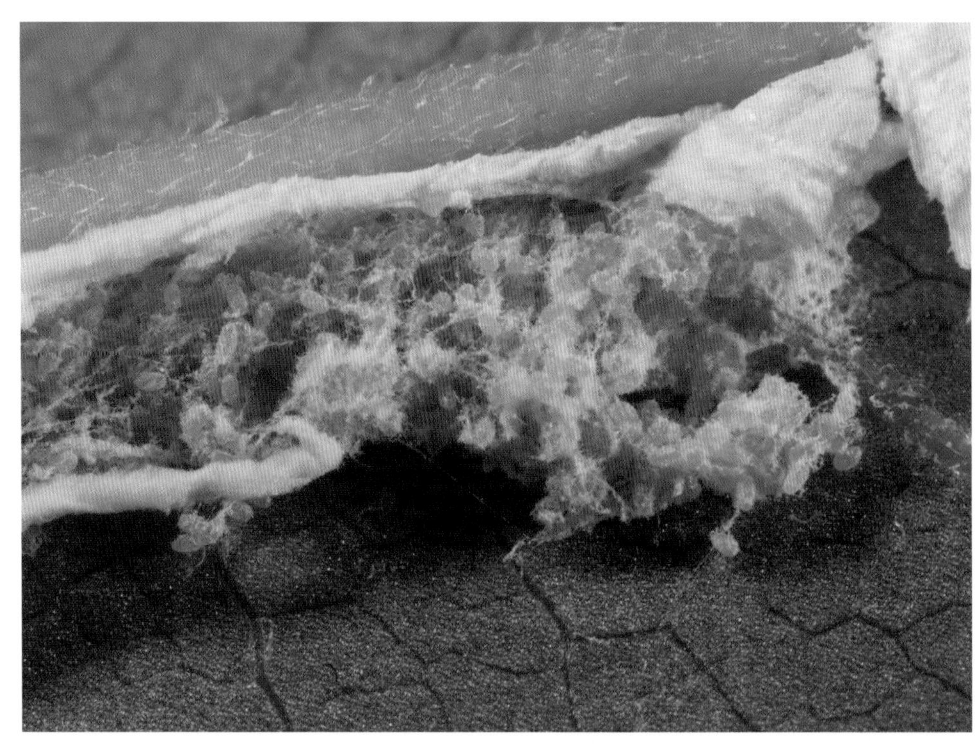

2022 年 5 月 12 日，卵囊，玉兰

2020 年 6 月 25 日，初孵若虫，玉兰

13. 朝鲜球坚蚧 *Didesmococcus koreanus* Borchsenius

2020 年 4 月 19 日，花椒

2020 年 4 月 19 日，花椒

14. 草履蚧 *Drosicha corpulenta* (Kuwana)

半翅目 >
蜚蠊目
鳞翅目
脉翅目
膜翅目
鞘翅目
双翅目
螳螂目
缨翅目
直翅目

2016 年 4 月 29 日，雄虫

2016 年 4 月 29 日，雄虫

2016 年 4 月 29 日，雄虫

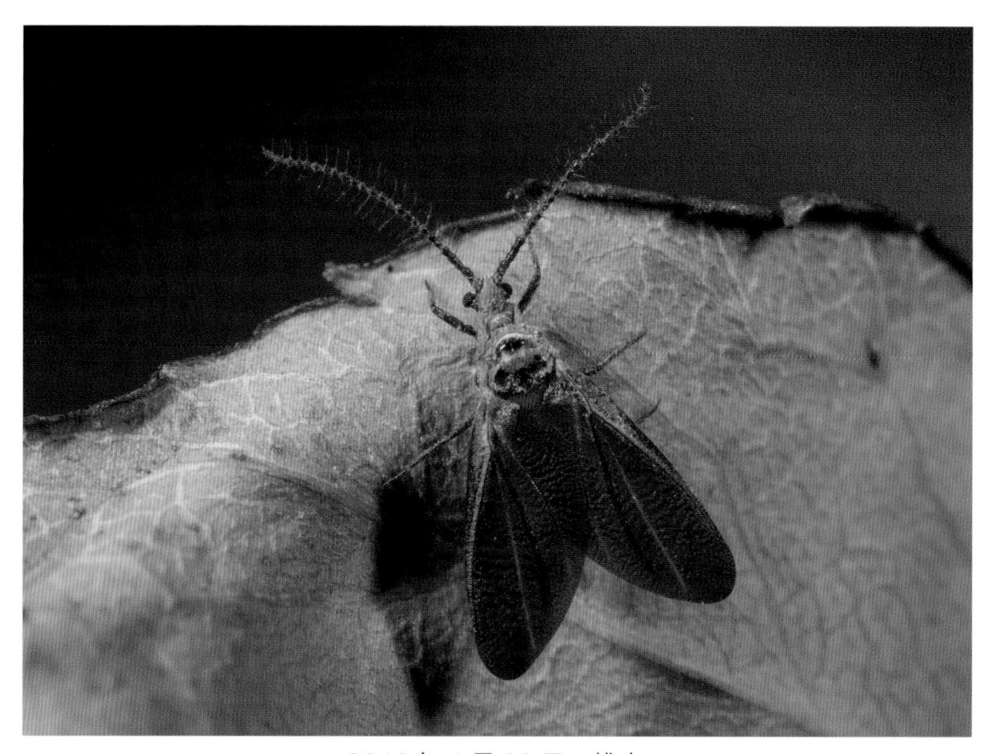

2016 年 4 月 29 日，雄虫

2016 年 4 月 29 日，雄虫

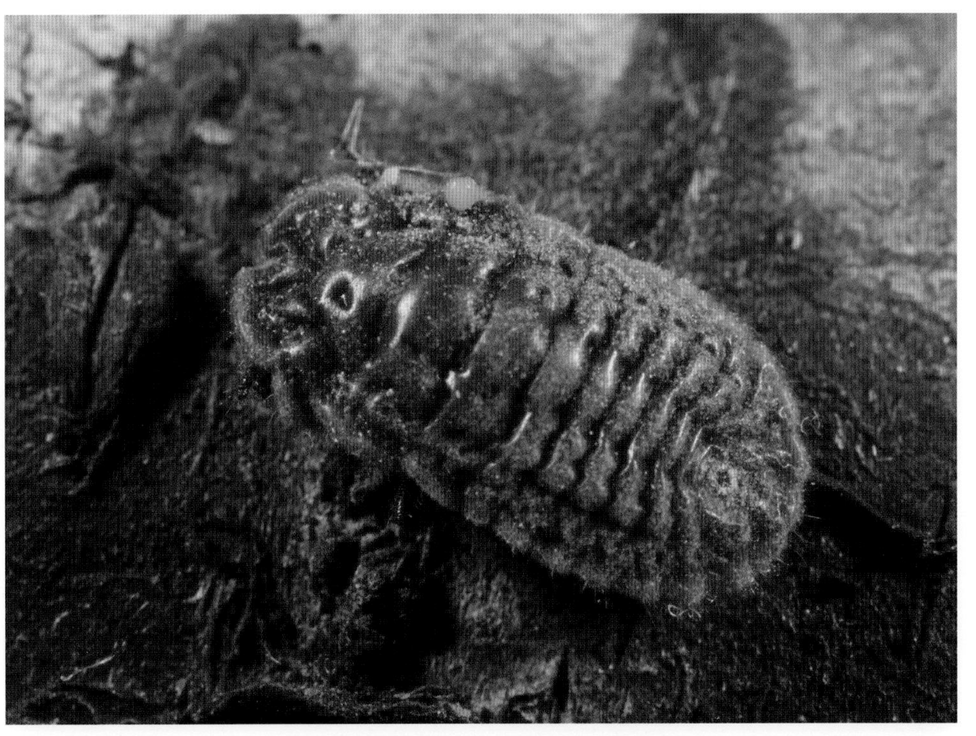

2020 年 5 月 3 日，雌虫，紫叶李

2020 年 5 月 3 日，雌虫，紫叶李

2020 年 5 月 3 日，雌虫，紫叶李

2020 年 4 月 16 日，雌虫，紫叶李

2020 年 4 月 16 日，雌虫，紫叶李

2020 年 4 月 16 日，雌虫及蜕皮，紫叶李

2020 年 4 月 16 日，雌虫及蜕皮，紫叶李

2020 年 4 月 16 日，危害状，紫叶李

2020 年 4 月 15 日，危害状，紫叶李

2020 年 8 月 24 日，危害状，紫叶李

15. 柿白毡蚧 *Eriococcus kaki* Kuwana

2020 年 4 月 19 日，柿树

2020 年 4 月 5 日，柿树

2020 年 4 月 5 日，柿树

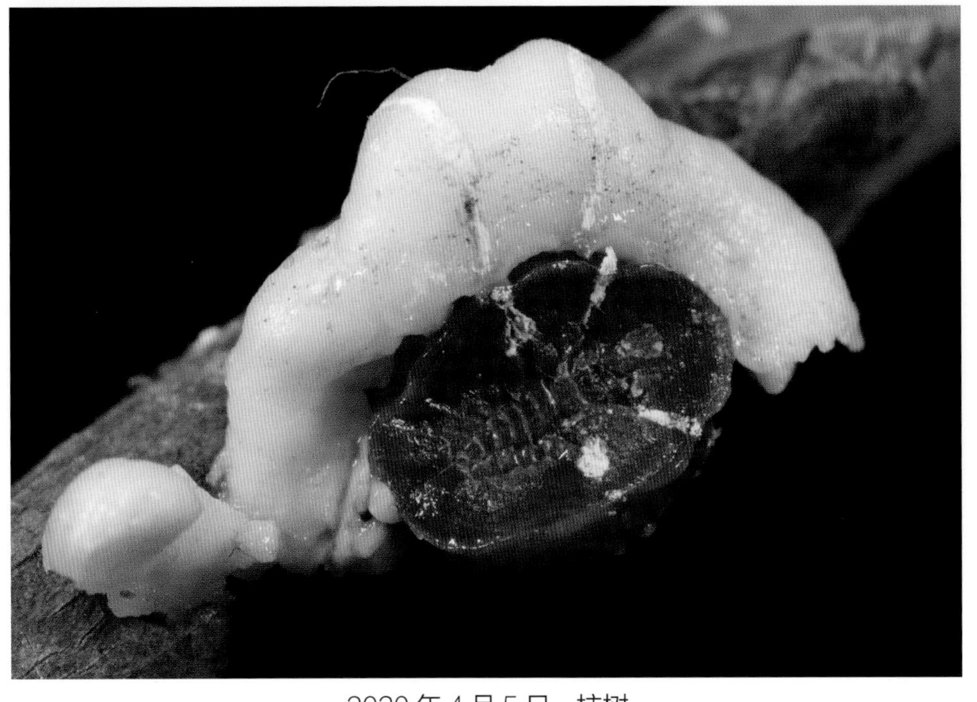

2020 年 4 月 5 日，柿树

2022 年 5 月 23 日，柿树

2022 年 5 月 23 日，柿树

2022 年 5 月 23 日，柿树

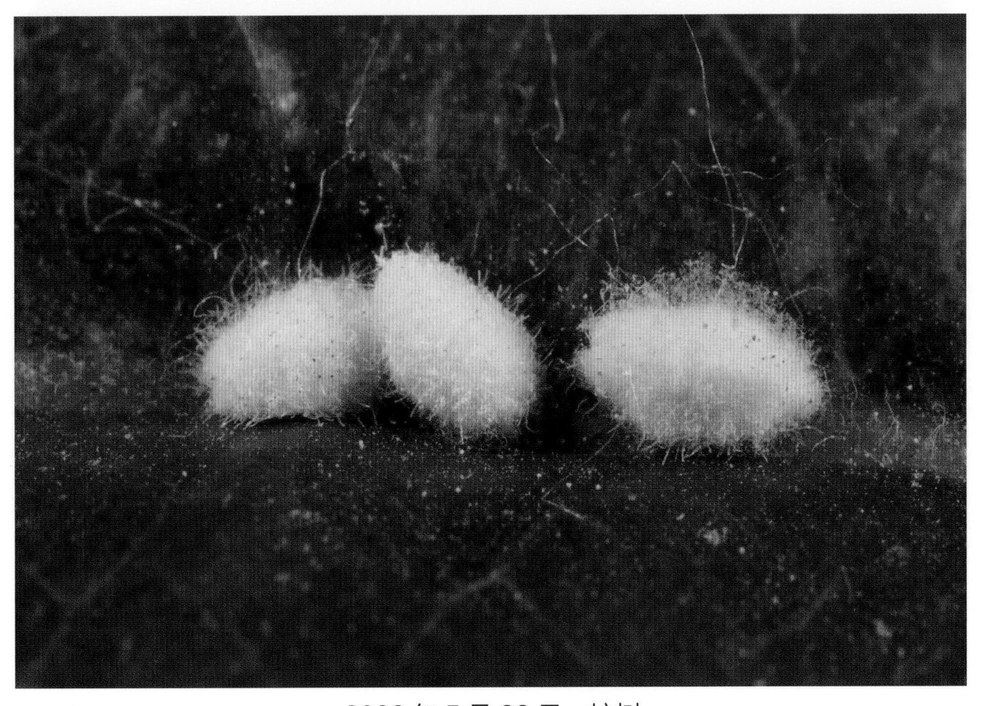

2022 年 5 月 23 日，柿树

2022 年 5 月 23 日，柿树

2021 年 9 月 21 日，柿树

2021 年 9 月 21 日，柿树

2021 年 9 月 21 日，柿树

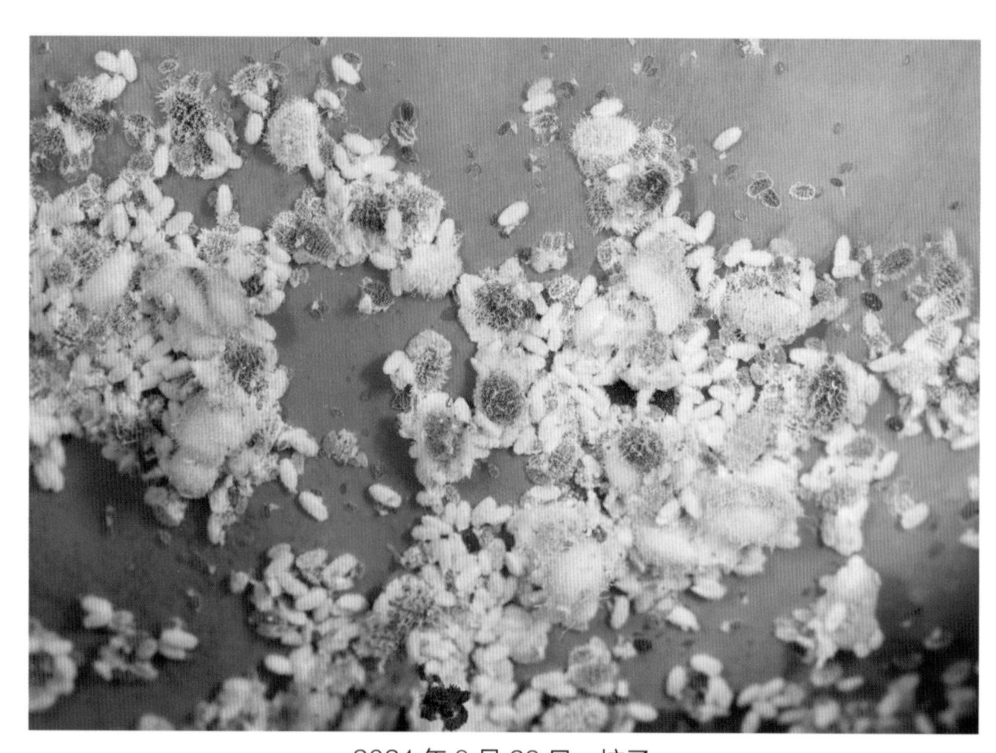

2021 年 8 月 23 日，柿子

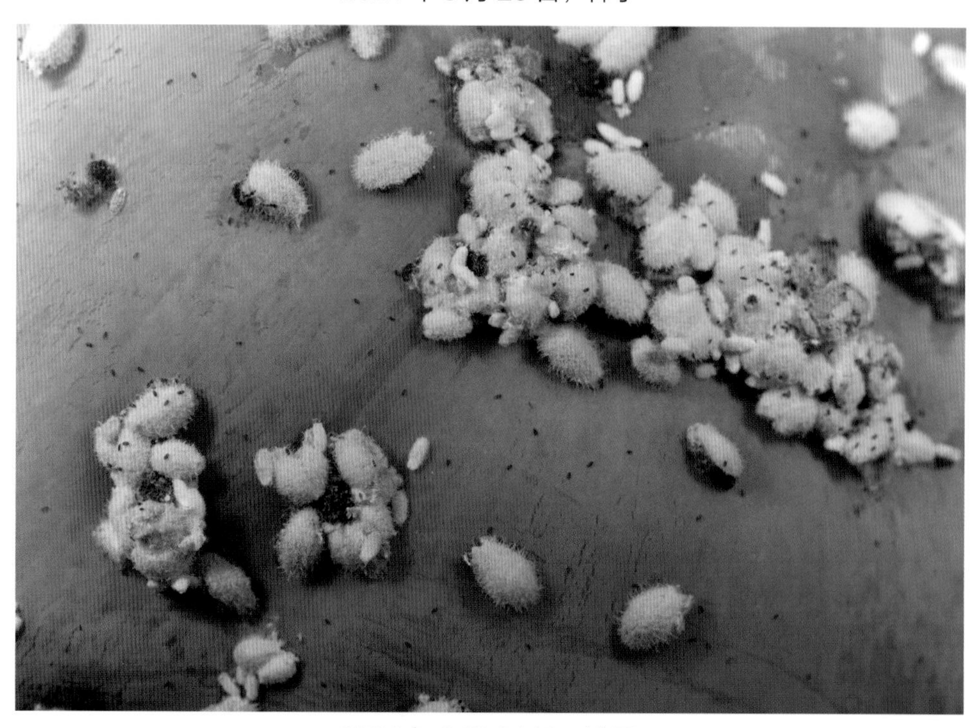

2021 年 9 月 21 日，柿子

2021 年 9 月 21 日，柿子

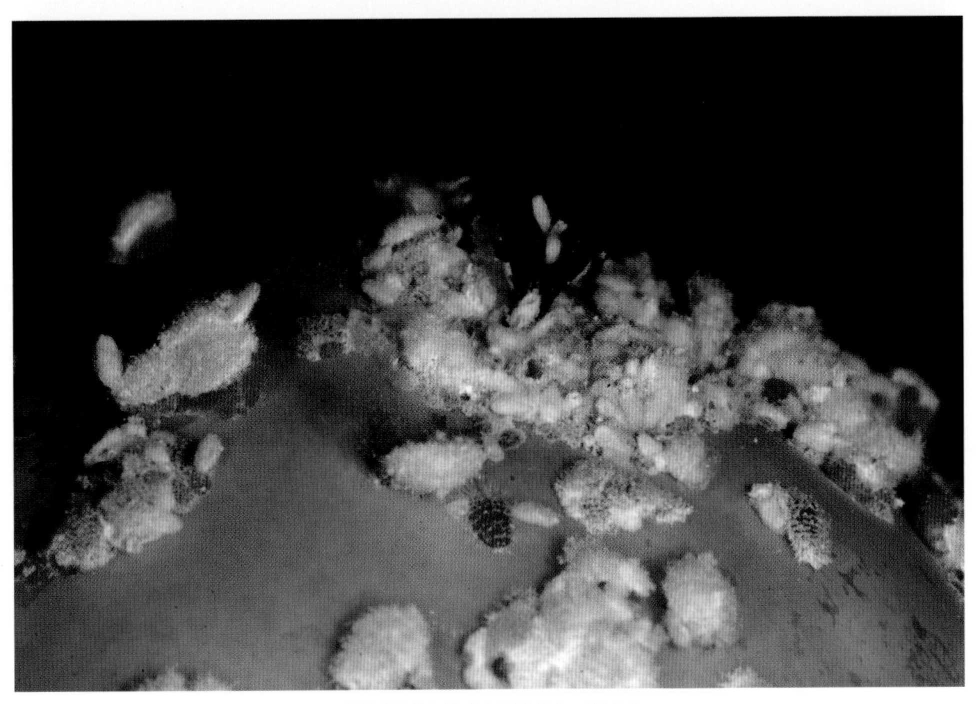

2007 年 9 月 23 日，柿子

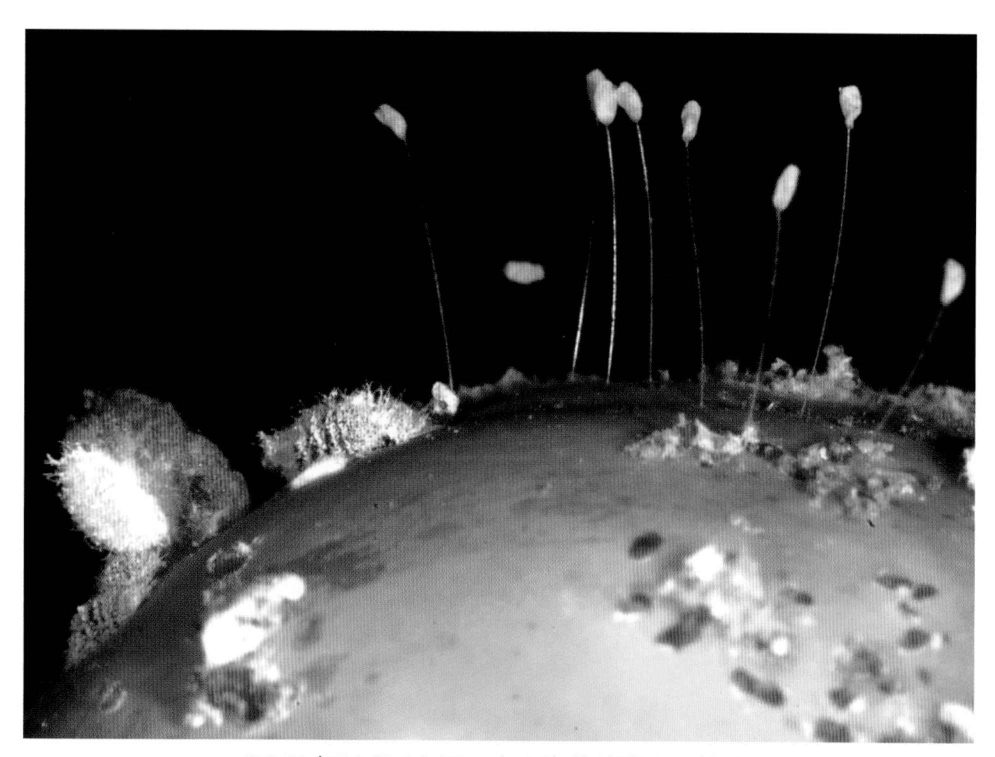

2007 年 7 月 26 日，右上为草蛉卵壳，柿子

2007 年 9 月 3 日，危害状，柿子

2007 年 9 月 3 日，危害状，柿子

2007 年 9 月 3 日，危害状，柿子

2007 年 9 月 3 日，危害状，柿子

16. 臀纹粉蚧 *Planococcus* sp.

2018 年 10 月 5 日，网纹草

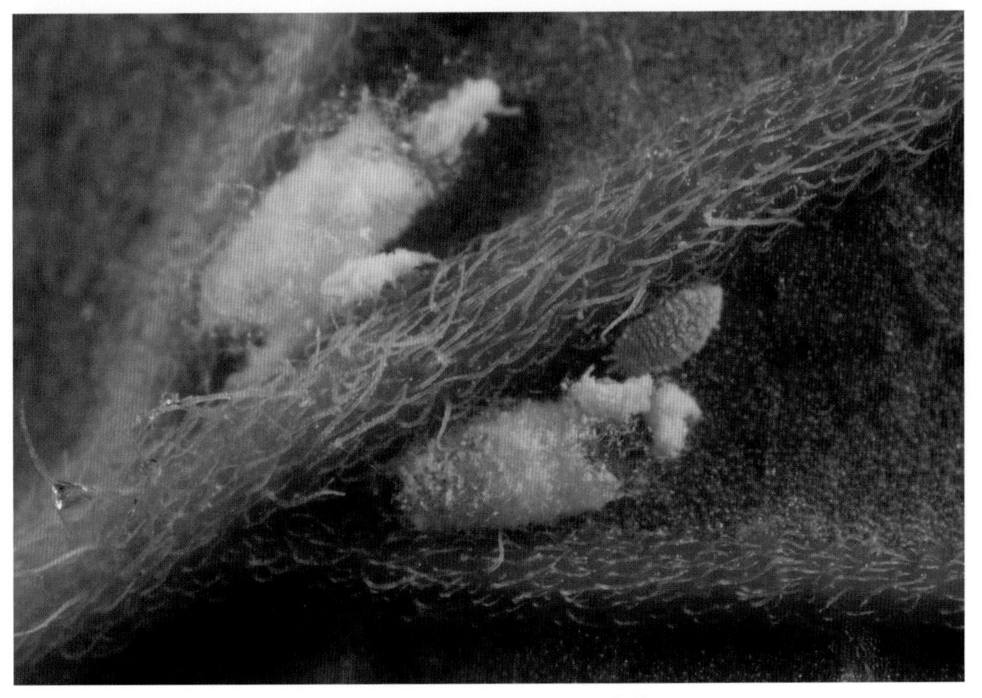

2018 年 10 月 5 日，网纹草

2018 年 10 月 5 日，网纹草

2018 年 10 月 5 日，网纹草

2018 年 10 月 5 日，网纹草

2018 年 10 月 5 日，网纹草

17. 桑木虱 *Anomoneura mori* Schwarz

2020 年 5 月 16 日，若虫，桑树

2020 年 5 月 16 日，若虫，桑树

2020 年 5 月 16 日，若虫，桑树

2020 年 5 月 16 日，若虫，桑树

18. 六斑豆木虱 *Cyamophila hexastigma* (Horvath)

2020 年 4 月 3 日，冬型成虫，黄金槐

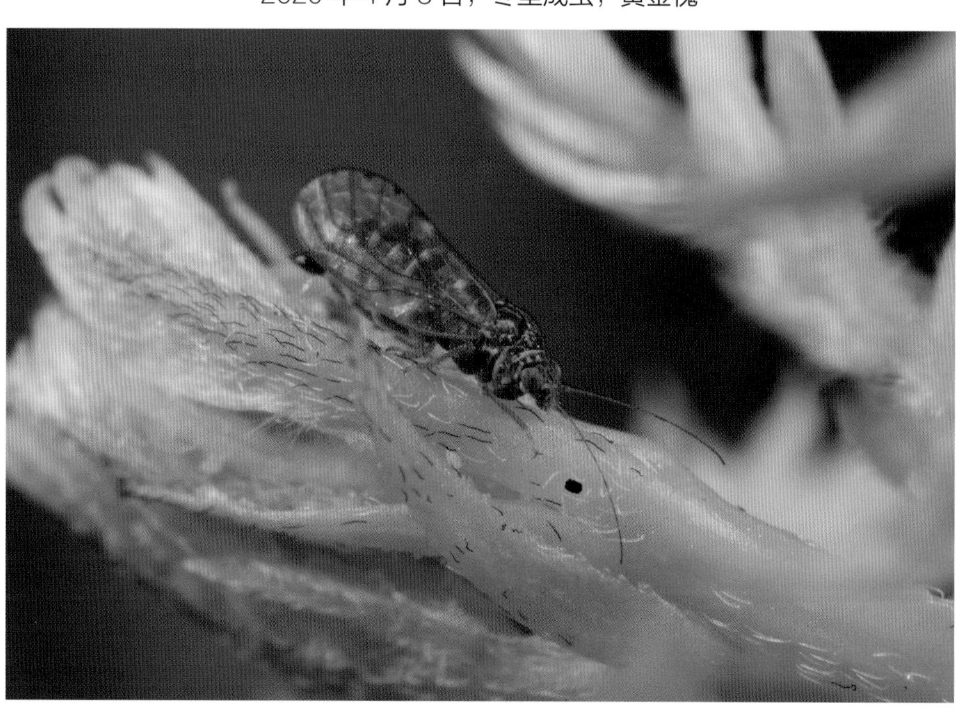

2020 年 4 月 3 日，冬型成虫，黄金槐

2022 年 5 月 23 日，夏型成虫，龙爪槐

2022 年 5 月 13 日，夏型成虫，龙爪槐

2022 年 5 月 13 日，夏型成虫，龙爪槐

2022 年 5 月 13 日，夏型成虫，龙爪槐

2022 年 5 月 13 日，夏型成虫，龙爪槐

2022 年 5 月 13 日，夏型成虫和卵，龙爪槐

2022 年 5 月 13 日，夏型成虫和卵，龙爪槐

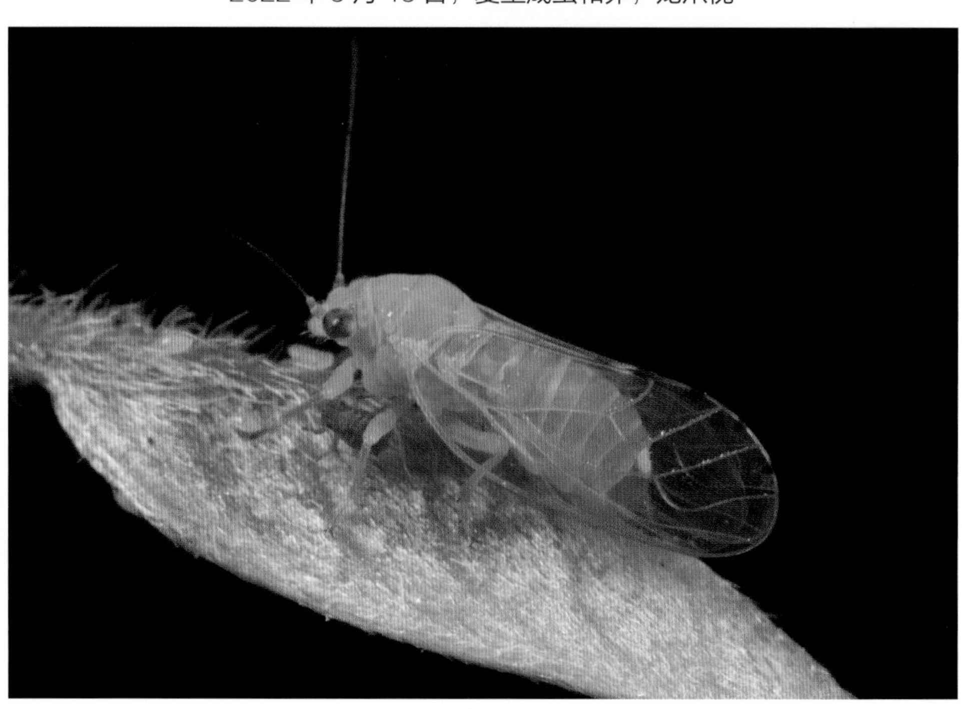

2022 年 5 月 13 日，夏型成虫和卵，龙爪槐

2022 年 5 月 13 日，卵和若虫，龙爪槐

2022 年 5 月 13 日，若虫，龙爪槐

2022 年 5 月 13 日，若虫，龙爪槐

19. 烟粉虱 *Bemisia tabaci* (Gennadius)

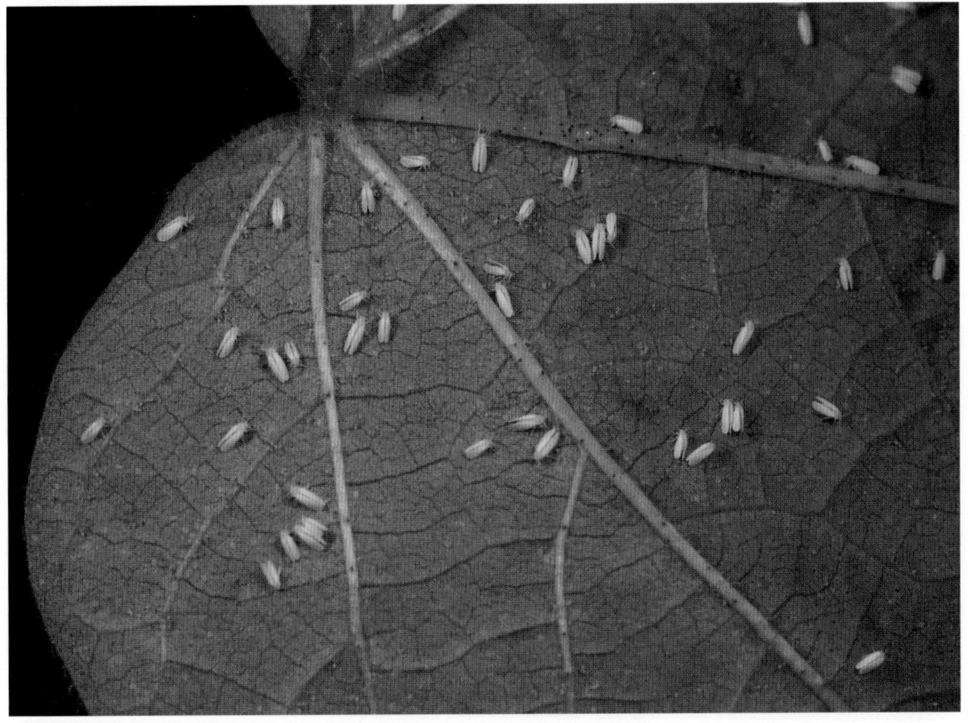

2011 年 11 月 22 日，棉花

2011 年 11 月 22 日，棉花

2011 年 11 月 22 日，棉花

2011 年 11 月 22 日，棉花

2011 年 11 月 22 日，棉花

2011 年 11 月 22 日，棉花

2011 年 11 月 22 日，棉花

2011 年 11 月 22 日，棉花

2015 年 3 月 20 日，辣椒

2015 年 3 月 20 日，辣椒

20. 柳蚜 *Aphis farinosa* Gmelin

2013 年 8 月 24 日，柳树

2013 年 8 月 24 日，柳树

21. 夹竹桃蚜 *Aphis nerii* Boyer de Fonscolombe

2014 年 7 月 21 日，萝藦

2014 年 7 月 21 日，萝藦

22. 绣线菊蚜 *Aphis spiraecola* Patch

< 半翅目

蜚蠊目

鳞翅目

脉翅目

膜翅目

鞘翅目

双翅目

螳螂目

缨翅目

直翅目

2013 年 8 月 24 日，西府海棠

2013 年 8 月 24 日，西府海棠

2013 年 8 月 24 日，西府海棠

2013 年 8 月 24 日，西府海棠

2013 年 8 月 24 日，西府海棠

2014 年 7 月 21 日，西府海棠

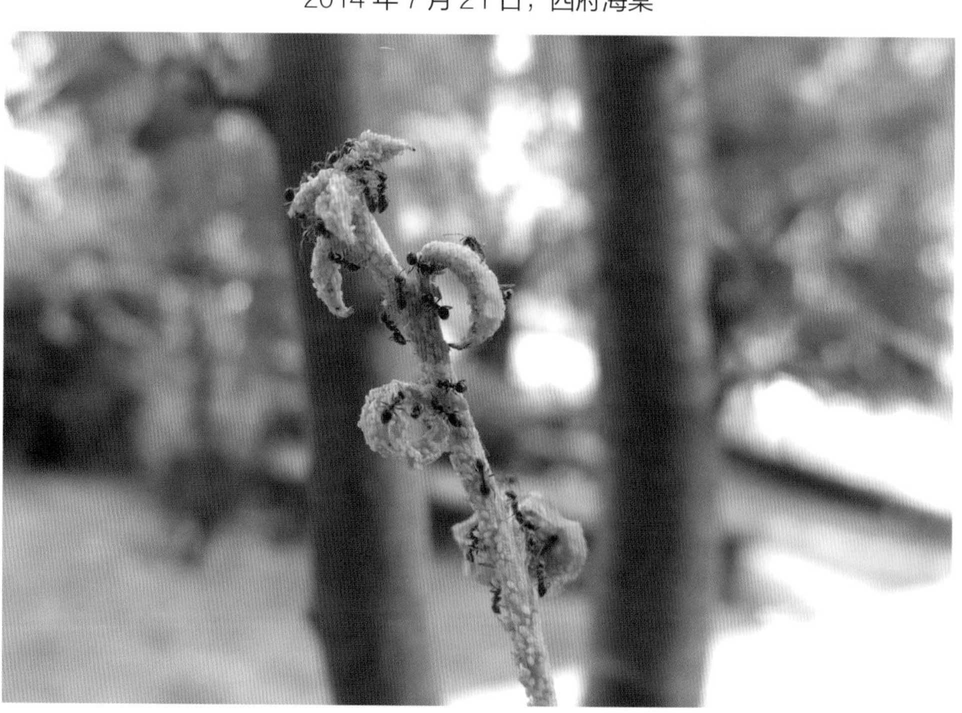

2014 年 7 月 21 日，西府海棠

23. 白杨毛蚜 *Chaitophorus populeti* (Panzer)

2014年6月15日，杨树

2014 年 6 月 15 日，杨树

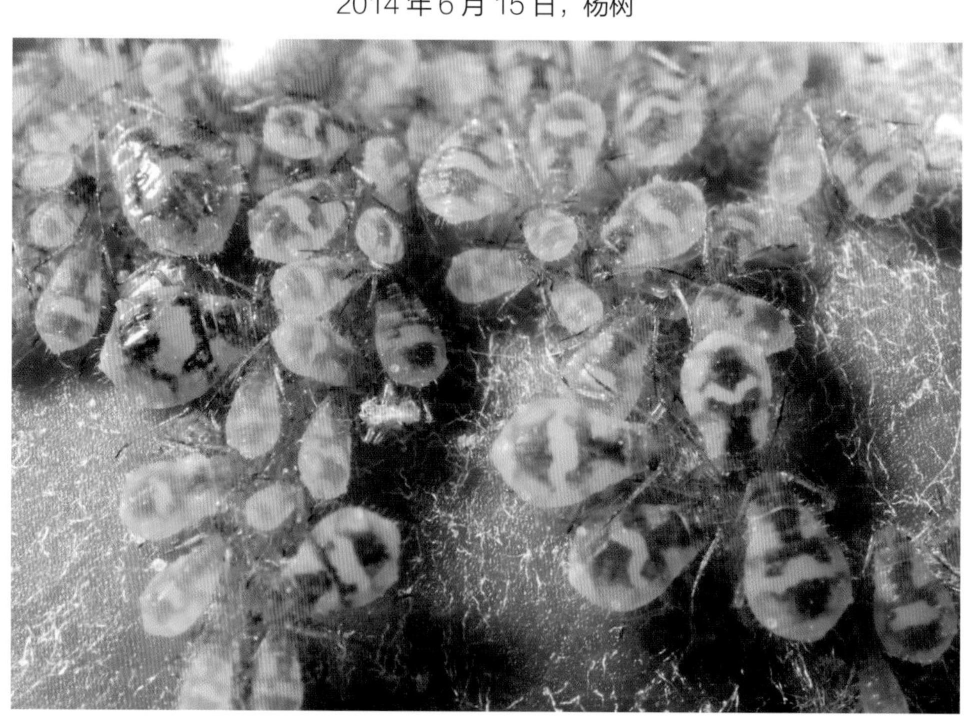

2014 年 6 月 15 日，杨树

2014年6月15日，杨树

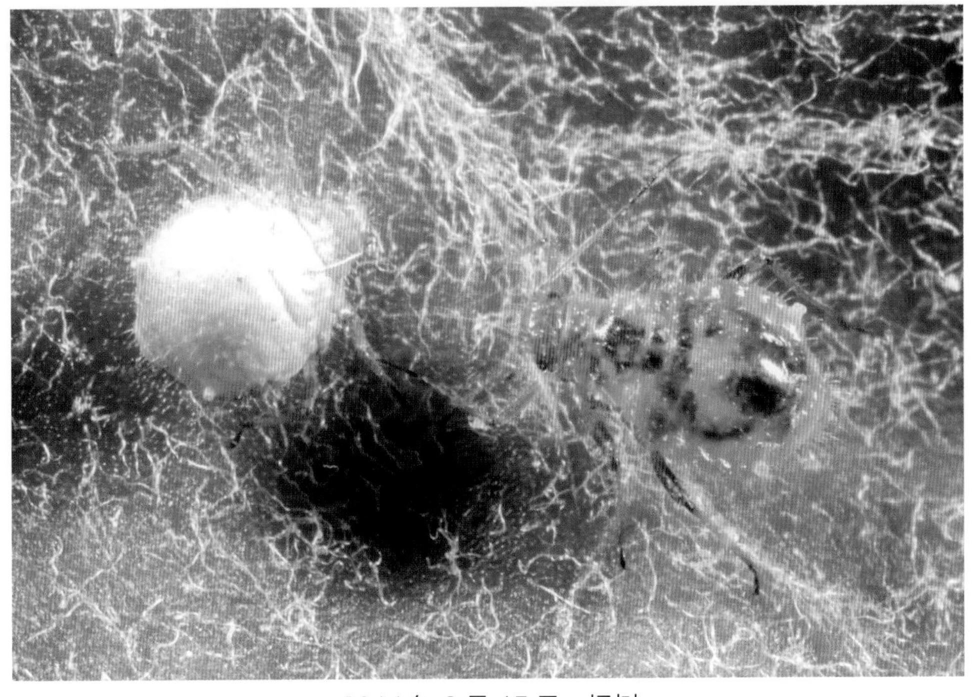

2014年6月15日，杨树

2018 年 4 月 23 日，有翅蚜，构树

2018 年 4 月 23 日，有翅蚜，构树

24. 月季长尾蚜 *Longicaudus trirhodus* (Walker)

2015 年 4 月 23 日，有翅蚜，月季

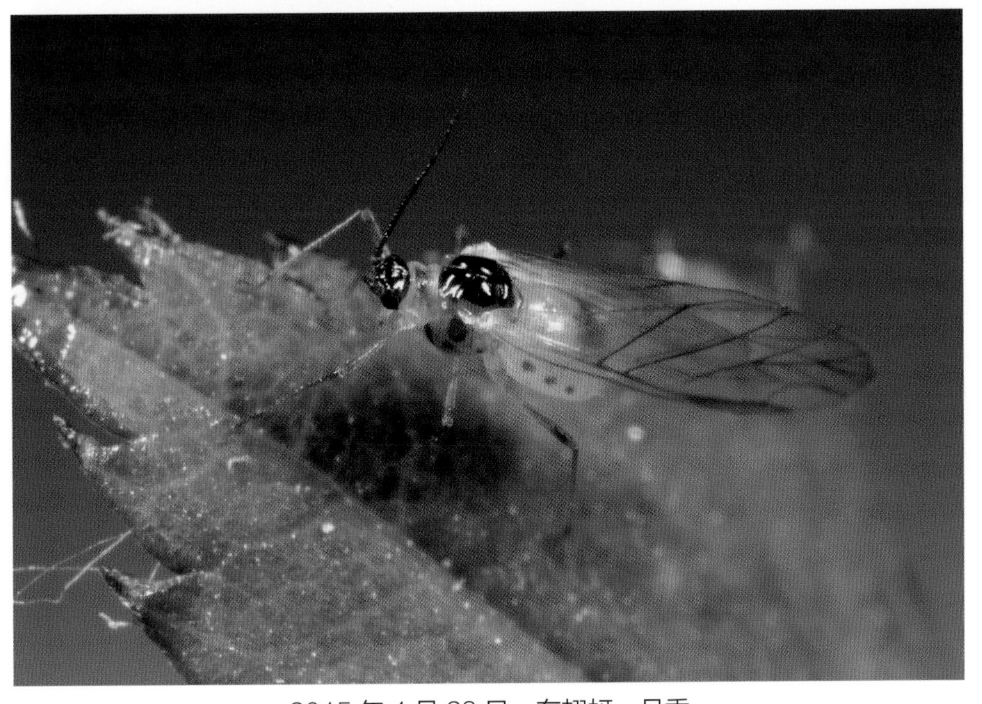

2015 年 4 月 23 日，有翅蚜，月季

2015 年 4 月 23 日，月季

2015 年 4 月 23 日，月季

2017 年 5 月 2 日，危害状，月季

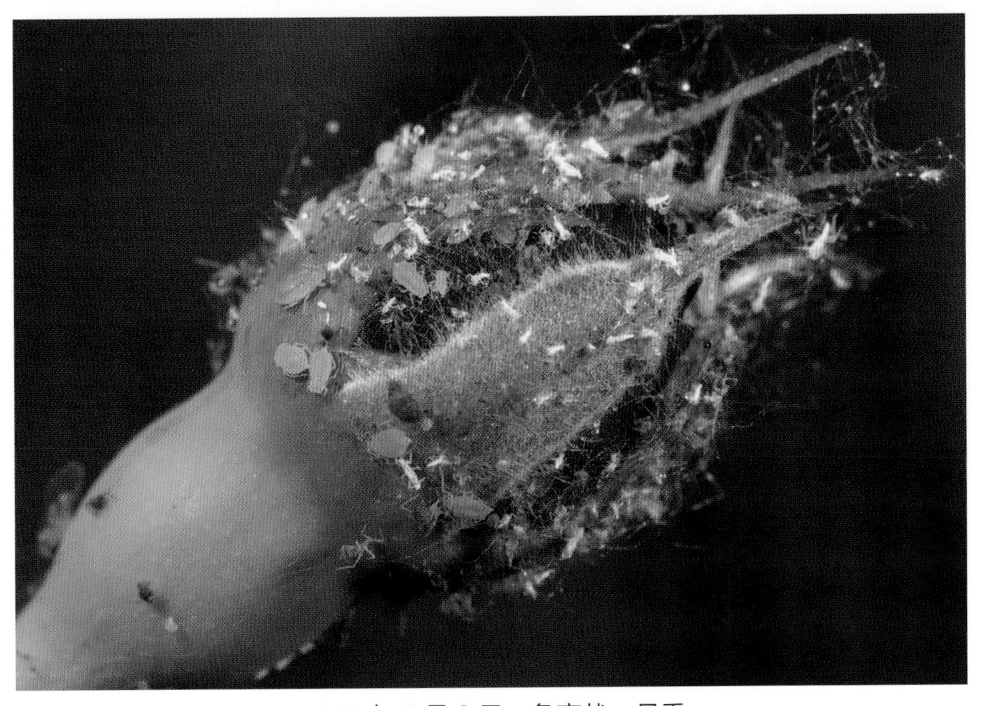
2017 年 5 月 2 日，危害状，月季

蜚蠊目
鳞翅目
脉翅目
膜翅目
鞘翅目
双翅目
螳螂目
缨翅目
直翅目

25. 大戟长管蚜 *Macrosiphum euphorbiae* (Thomas)

2013 年 6 月 16 日，月季

2013年6月16日，月季

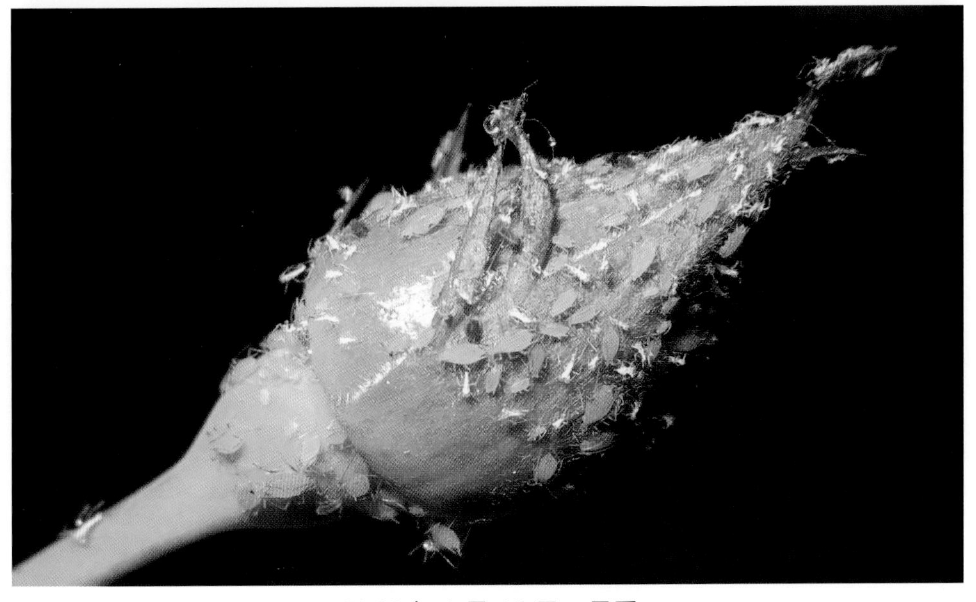

2013年6月16日，月季

26. 月季长管蚜 *Macrosiphum rosae* (L.)

2017 年 5 月 10 日，有翅蚜，月季

2017 年 5 月 10 日，有翅蚜，月季

2017 年 5 月 10 日，有翅蚜，月季

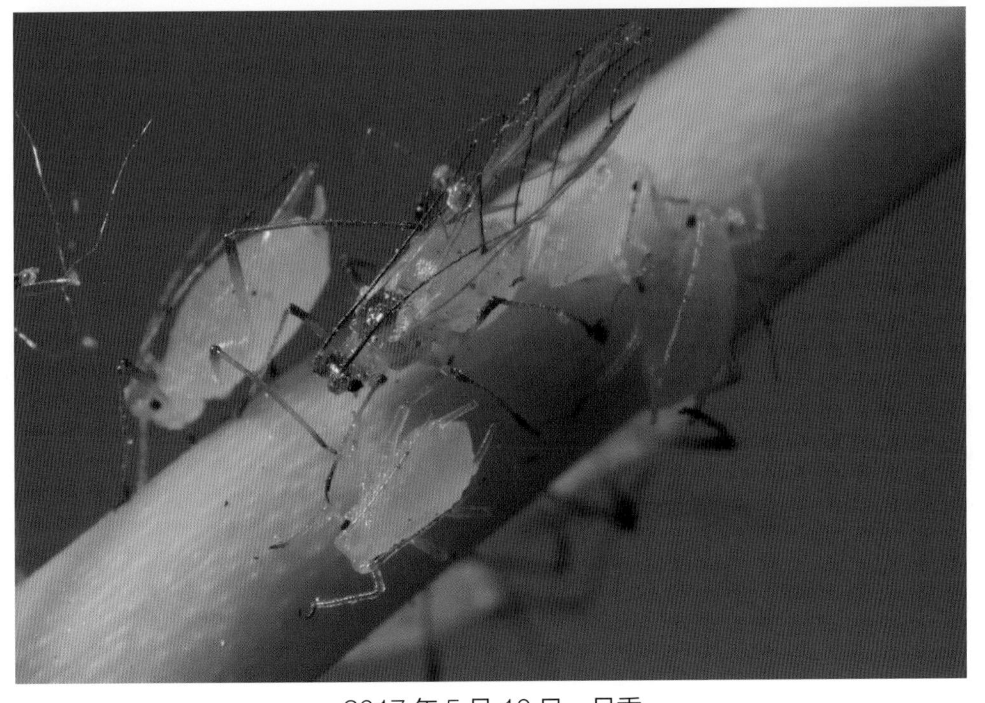

2017 年 5 月 10 日，月季

2017 年 5 月 10 日，月季

2017 年 5 月 10 日，月季

2017 年 5 月 10 日，月季

2017 年 5 月 10 日，月季

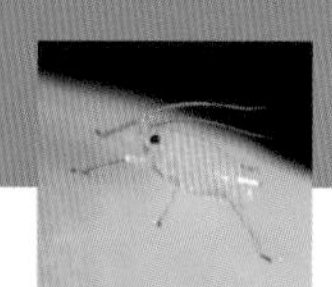

27. 桃蚜 *Myzus persicae* (Sulzer)

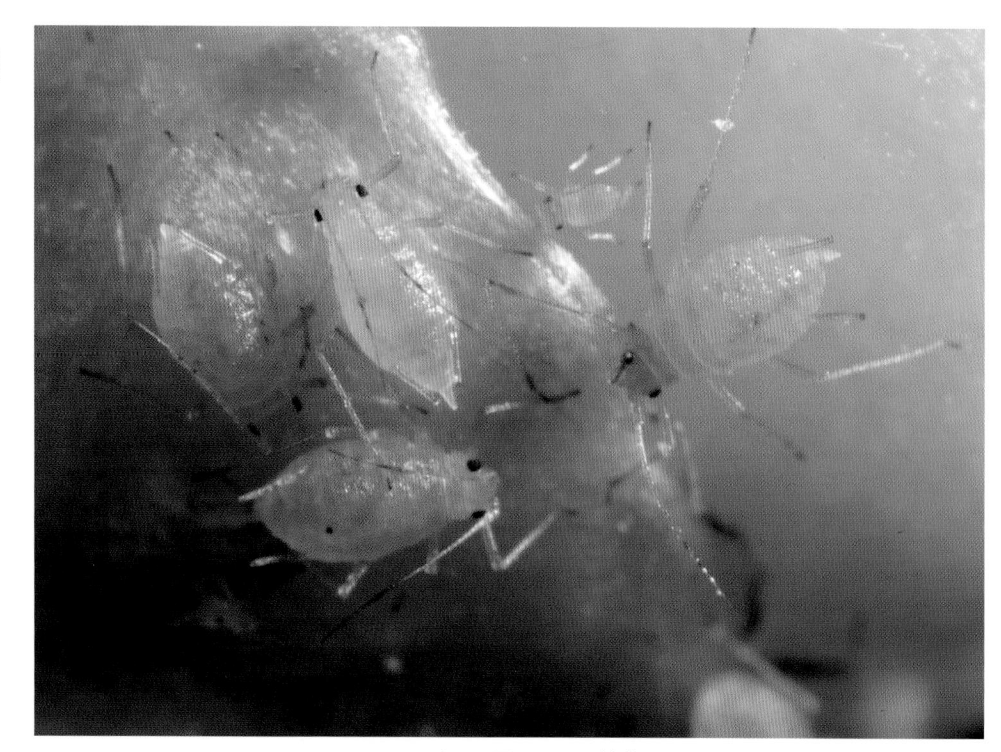

2014 年 7 月 7 日，辣椒

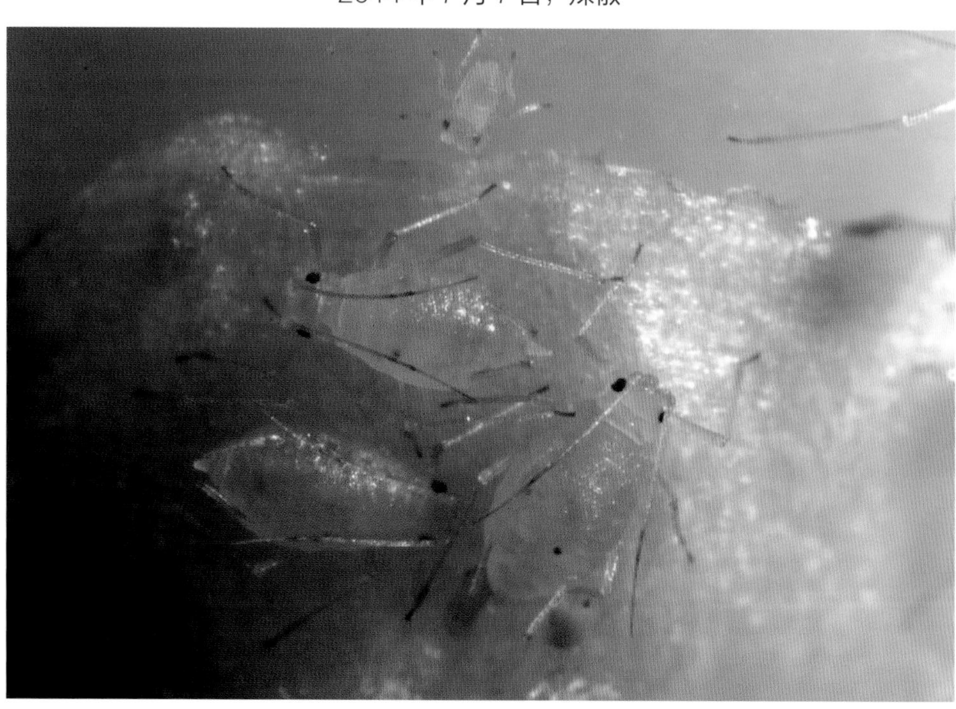

2014 年 7 月 7 日，辣椒

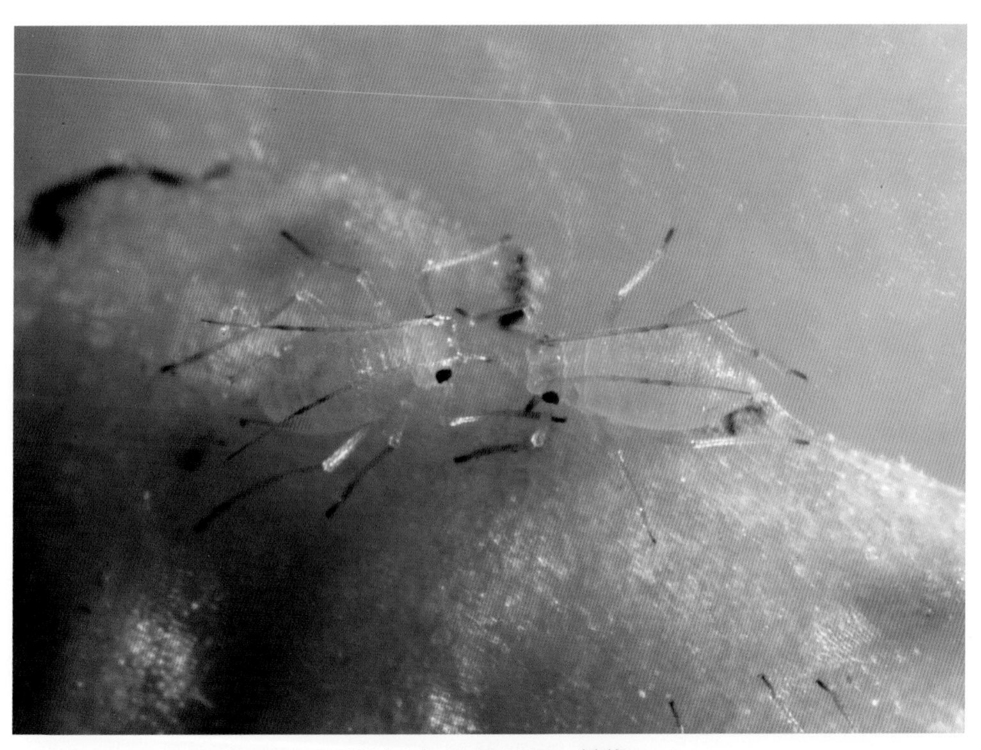

2014 年 7 月 7 日，辣椒

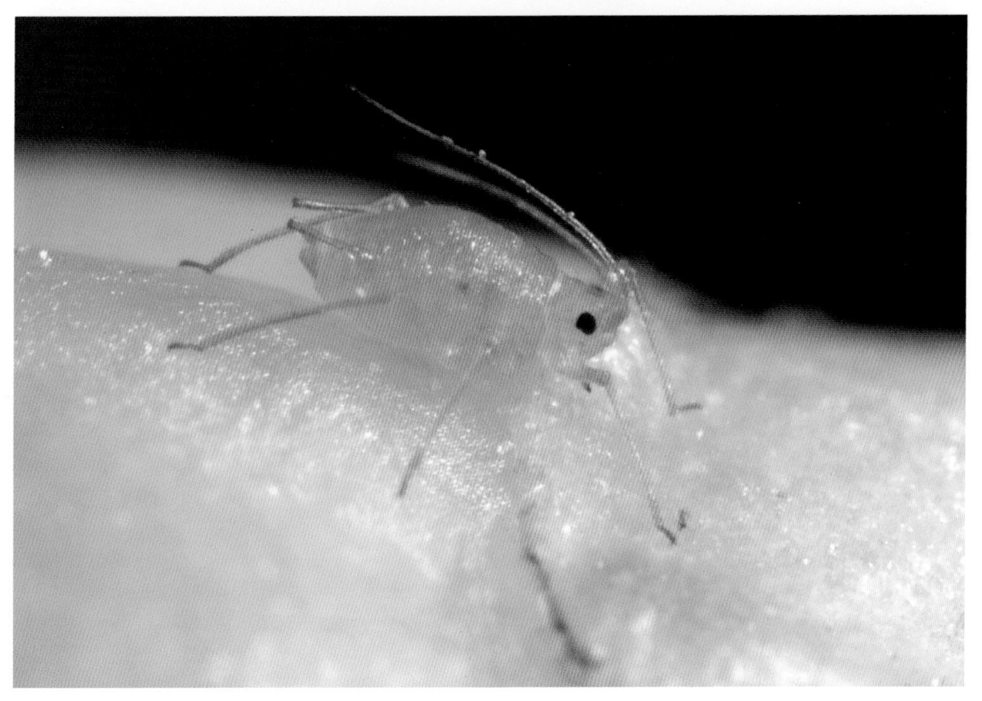

2014 年 7 月 7 日，辣椒

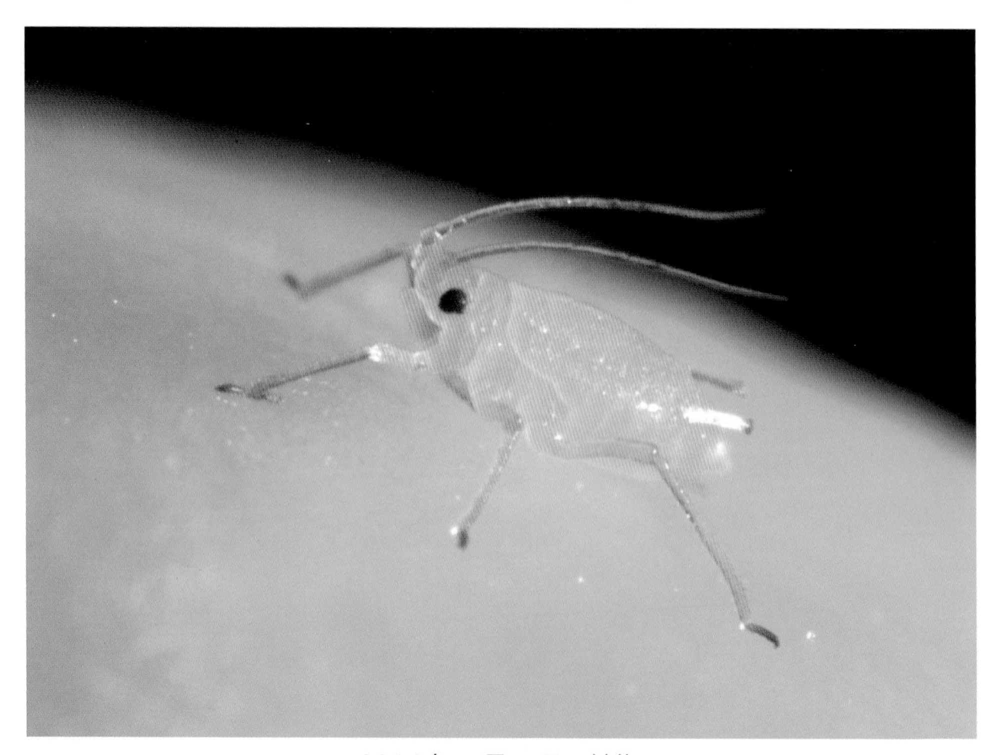

2014 年 7 月 7 日，辣椒

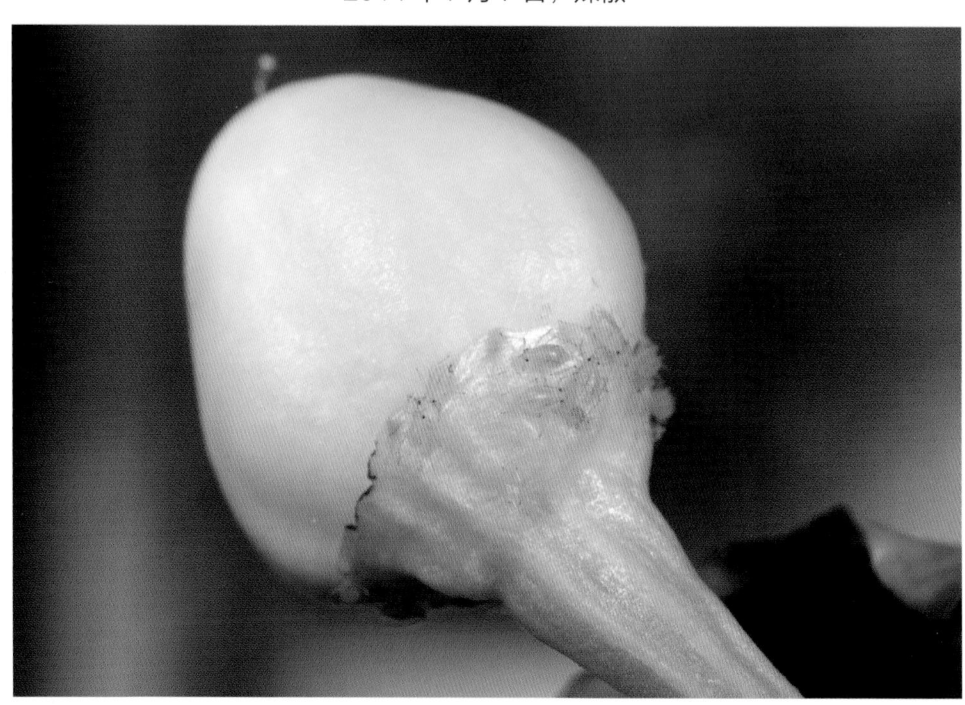

2014 年 7 月 7 日，辣椒

28. 栾多态毛蚜 *Periphyllus koelreuteriae* (Takahashi)

< 半翅目

蜚蠊目

鳞翅目

脉翅目

膜翅目

鞘翅目

双翅目

螳螂目

缨翅目

直翅目

2022 年 4 月 23 日，栾树

2022 年 5 月 12 日，有翅蚜，栾树

2022 年 5 月 12 日，有翅蚜，栾树

2020 年 4 月 27 日，有翅蚜，栾树

2020 年 4 月 27 日，栾树

2020 年 4 月 27 日，栾树

2021 年 6 月 3 日，栾树

2022 年 4 月 23 日，栾树

2022 年 4 月 23 日，栾树

2022 年 4 月 23 日，栾树

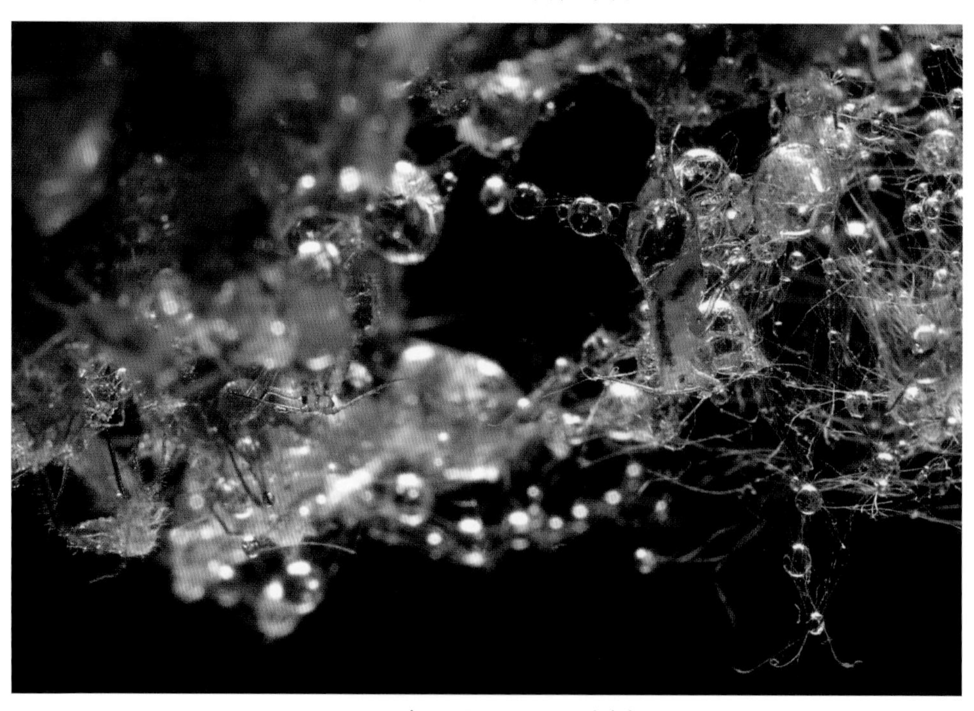

2022 年 4 月 23 日，栾树

29. 库多态毛蚜 *Periphyllus kuwanaii* (Takahashi)

2019 年 4 月 21 日，有翅蚜，枫树

2019 年 4 月 21 日，有翅蚜，枫树

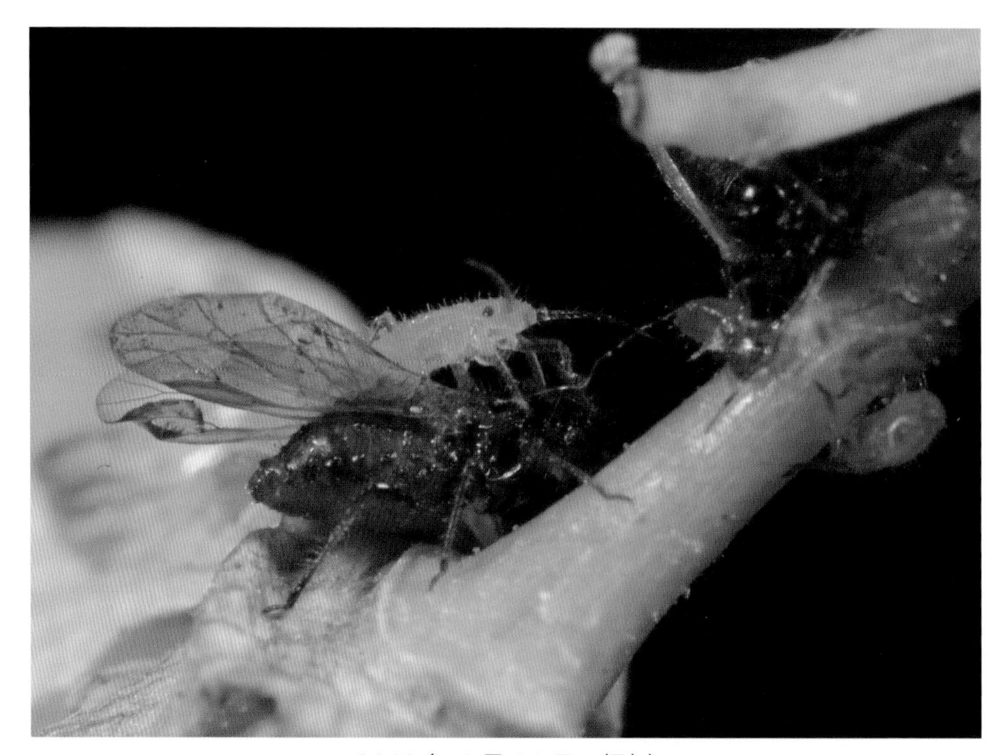

2019 年 4 月 21 日，枫树

2019 年 4 月 21 日，枫树

2019 年 4 月 21 日，枫树

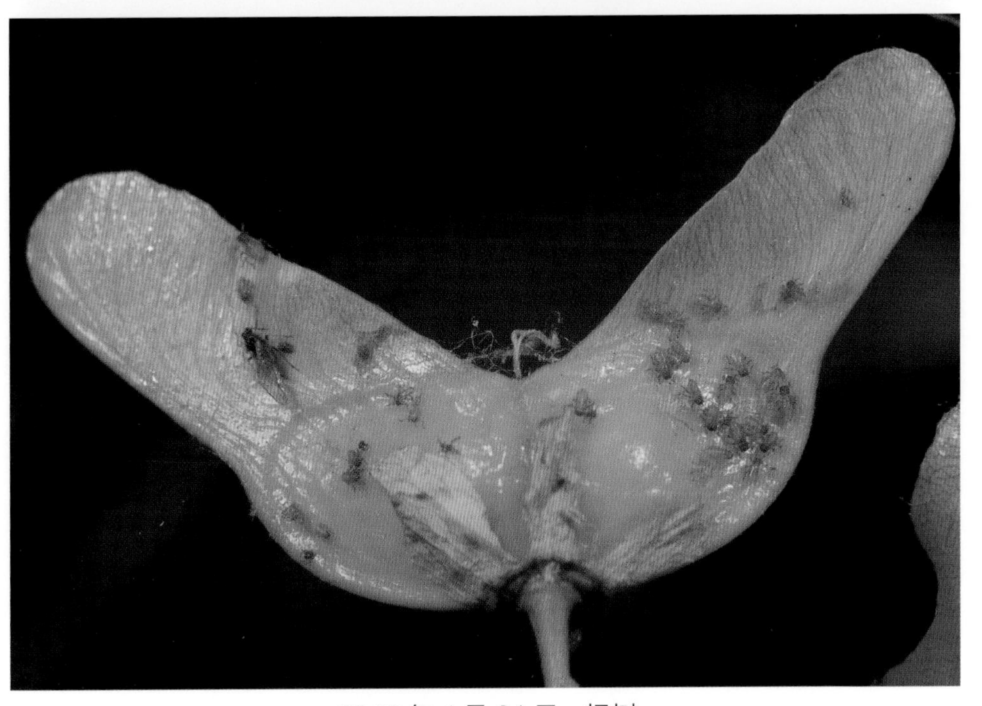

2019 年 4 月 21 日，枫树

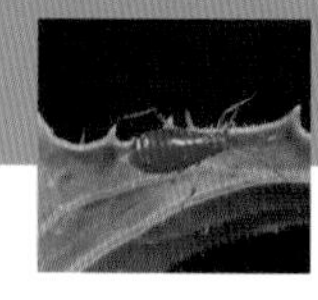

30. 莴苣指管蚜 *Uroleucon formosanum* (Takahashi)

2022 年 6 月 5 日，苦苣菜

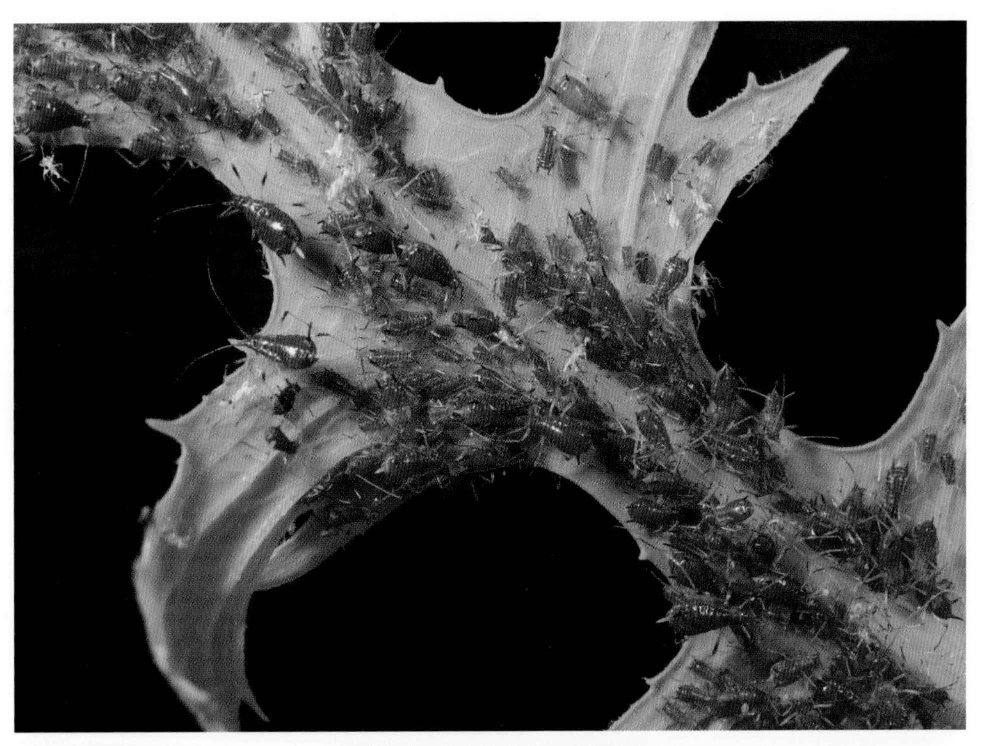

2022 年 6 月 5 日，苦苣菜

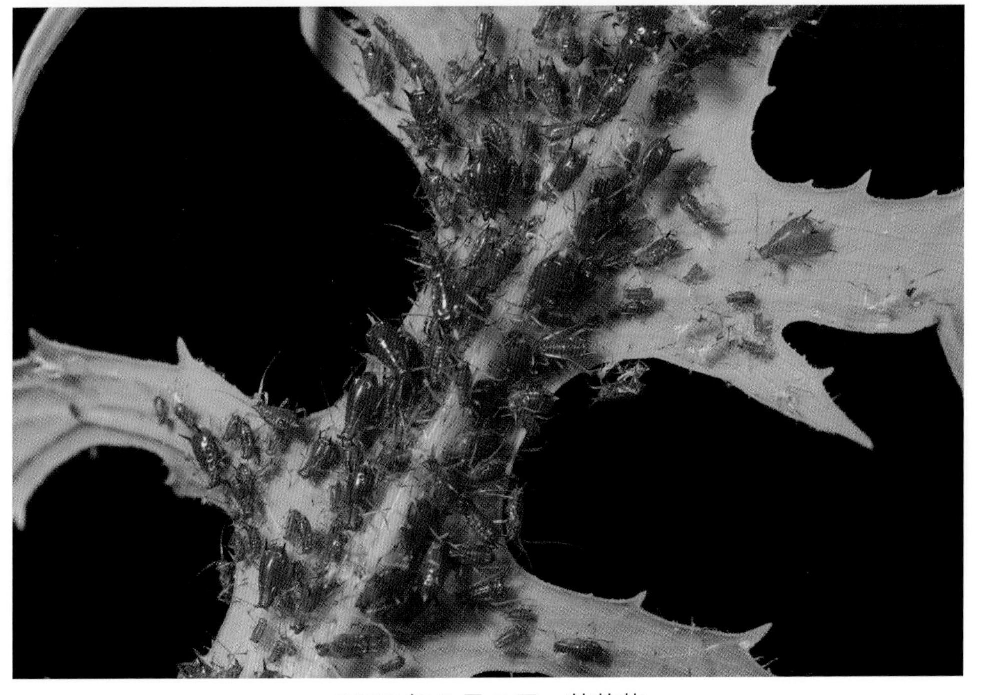

2022 年 6 月 5 日，苦苣菜

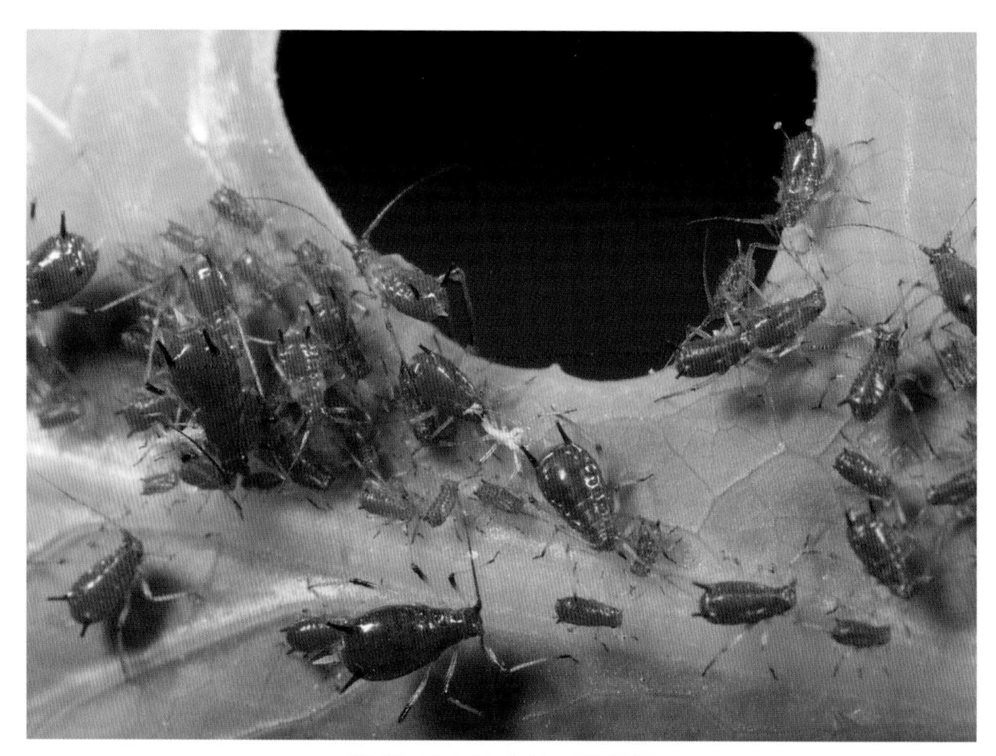

2022 年 6 月 5 日，苦苣菜

2022 年 6 月 5 日，苦苣菜

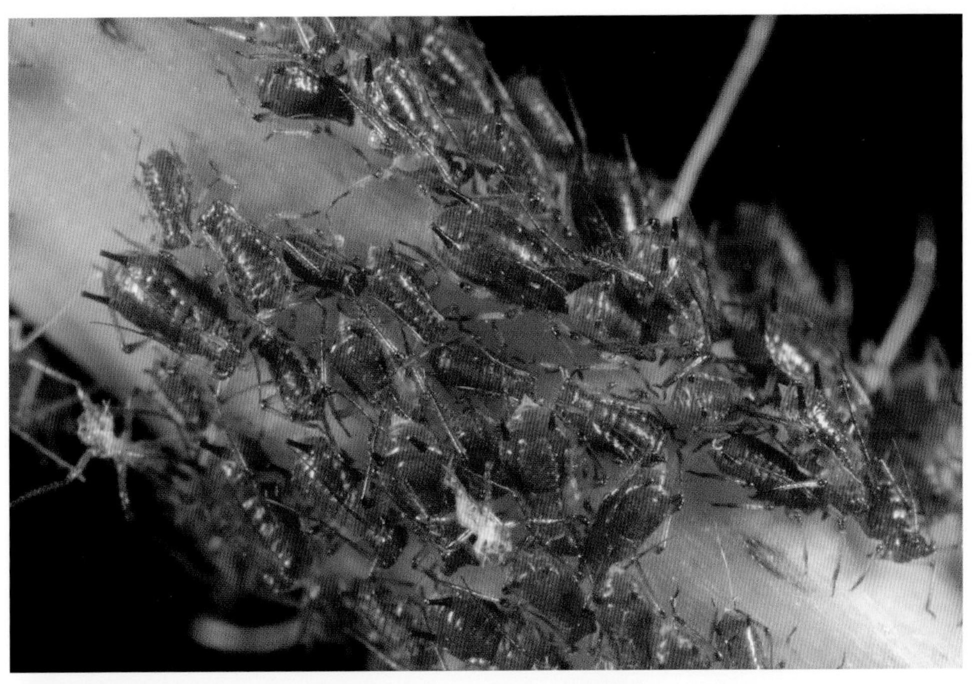

2021 年 5 月 9 日，苦苣菜

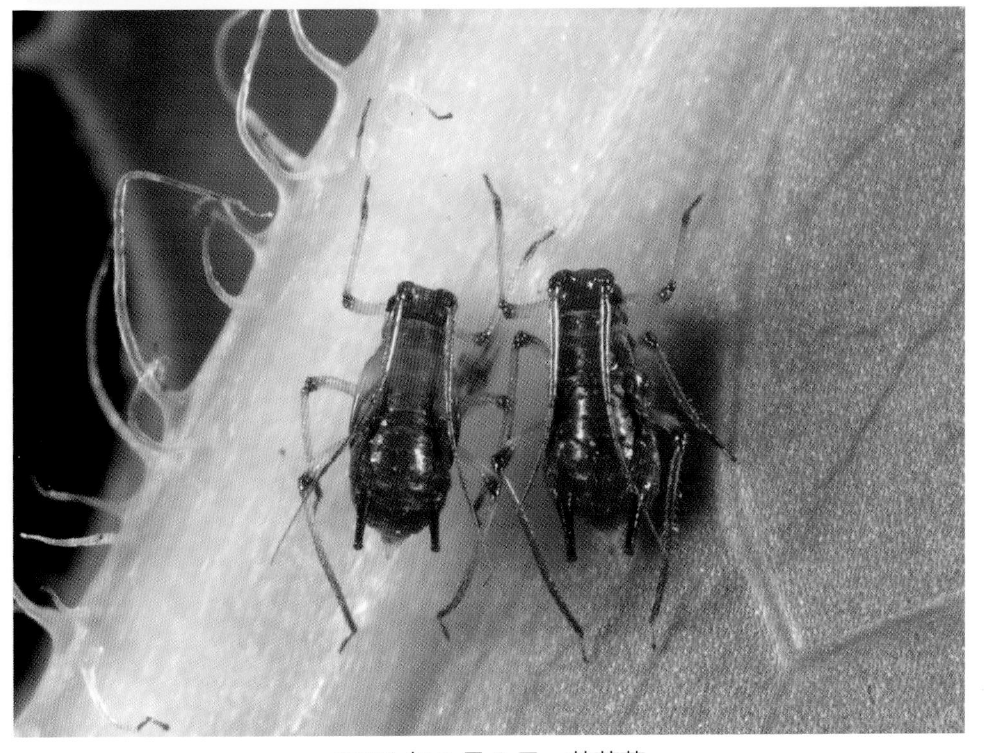

2021 年 5 月 9 日，苦苣菜

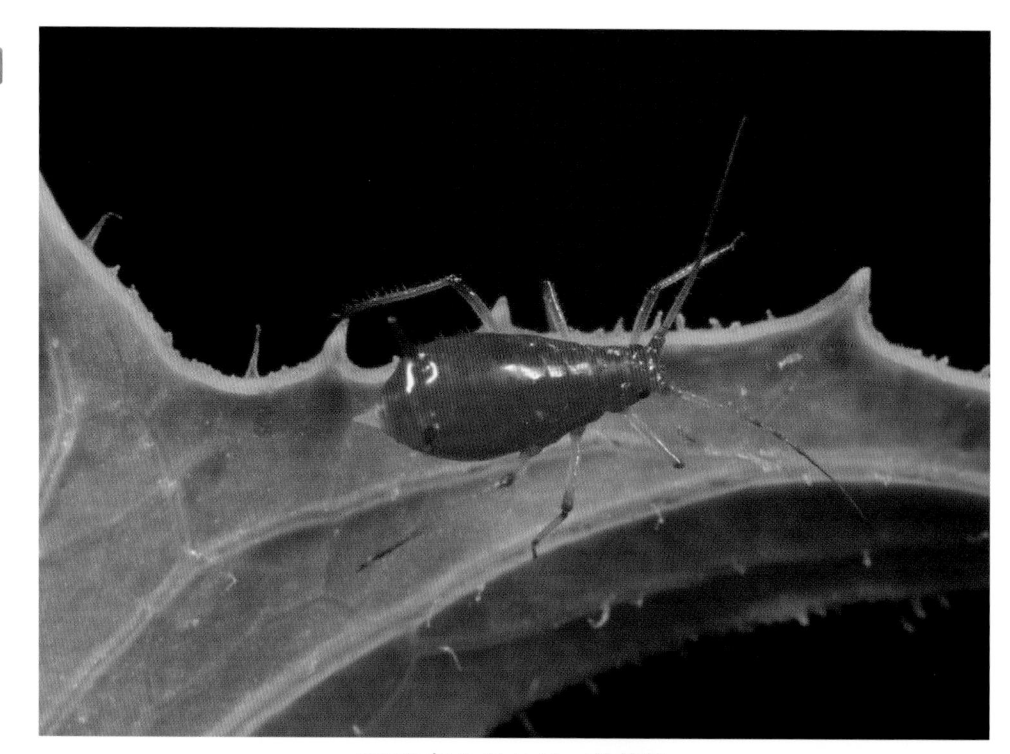

2022 年 6 月 5 日，苦苣菜

2022 年 6 月 5 日，苦苣菜

2022 年 6 月 5 日，苦苣菜

2022 年 6 月 5 日，苦苣菜

蜚蠊目 Blattaria

31. 德国小蠊 *Blattella germanica* (L.)

2016年3月2日

2016年3月2日

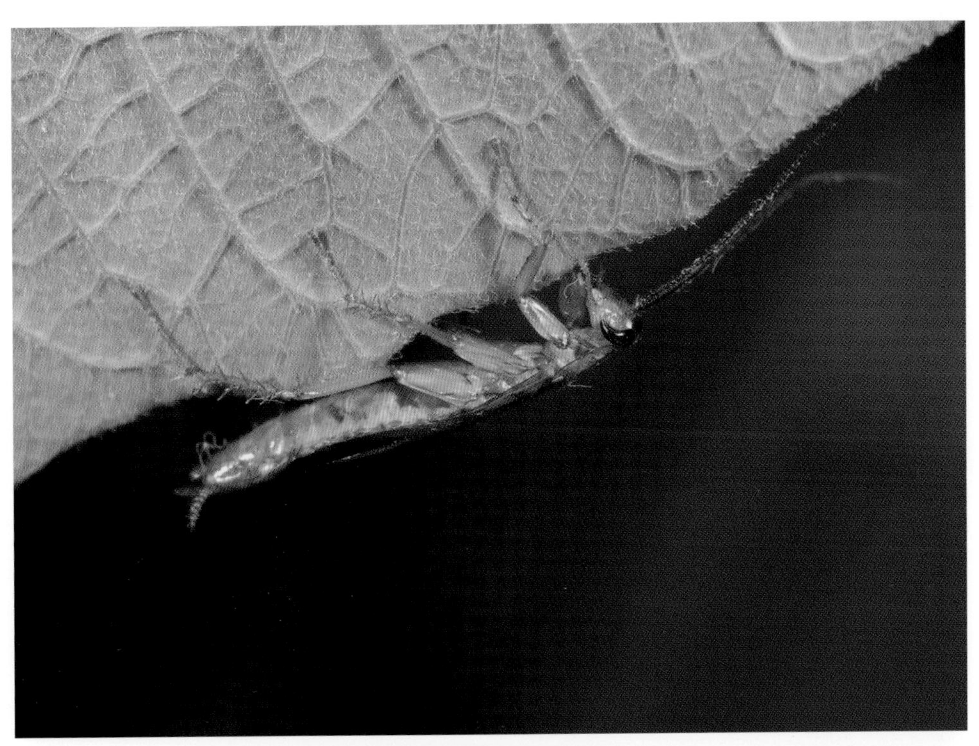
2016年3月2日

2022年8月26日

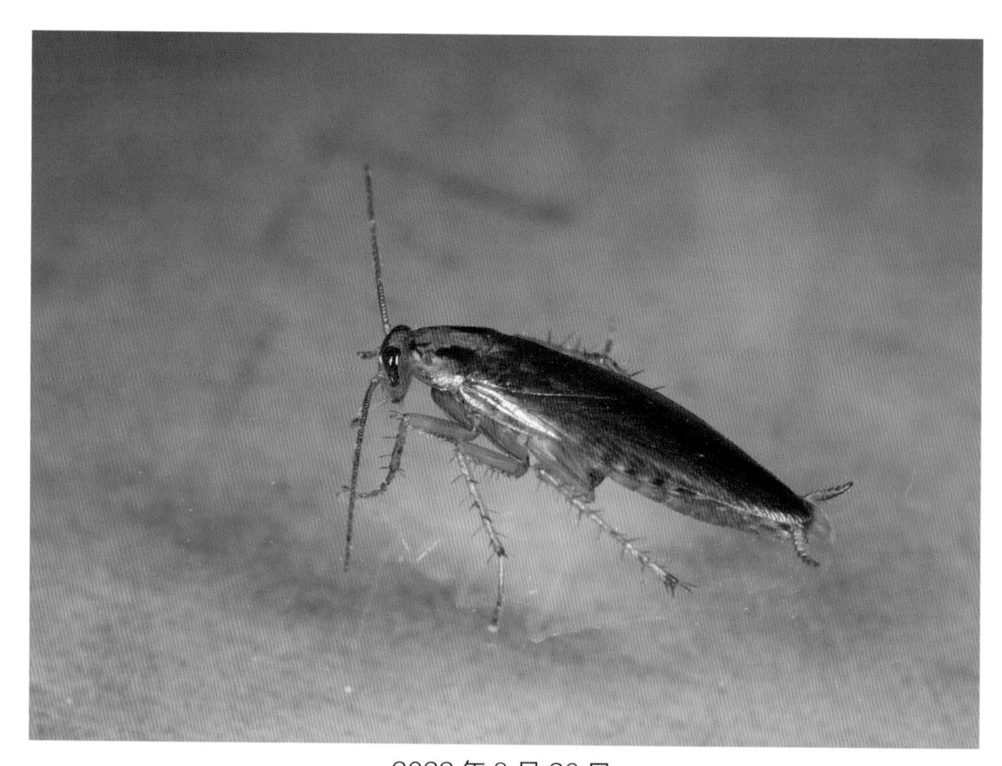

2022 年 8 月 26 日

2022 年 8 月 26 日

2021 年 9 月 3 日

2021 年 9 月 3 日

2022 年 8 月 26 日，卵荚

2017 年 11 月 17 日，若虫

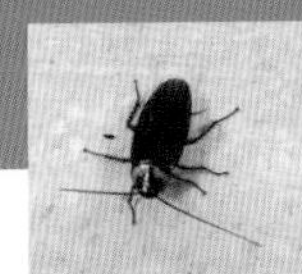

蜚蠊目 Blattaria

32. 美洲大蠊 *Periplaneta americana* (L.)

半翅目
< 蜚蠊目
鳞翅目
脉翅目
膜翅目
鞘翅目
双翅目
螳螂目
缨翅目
直翅目

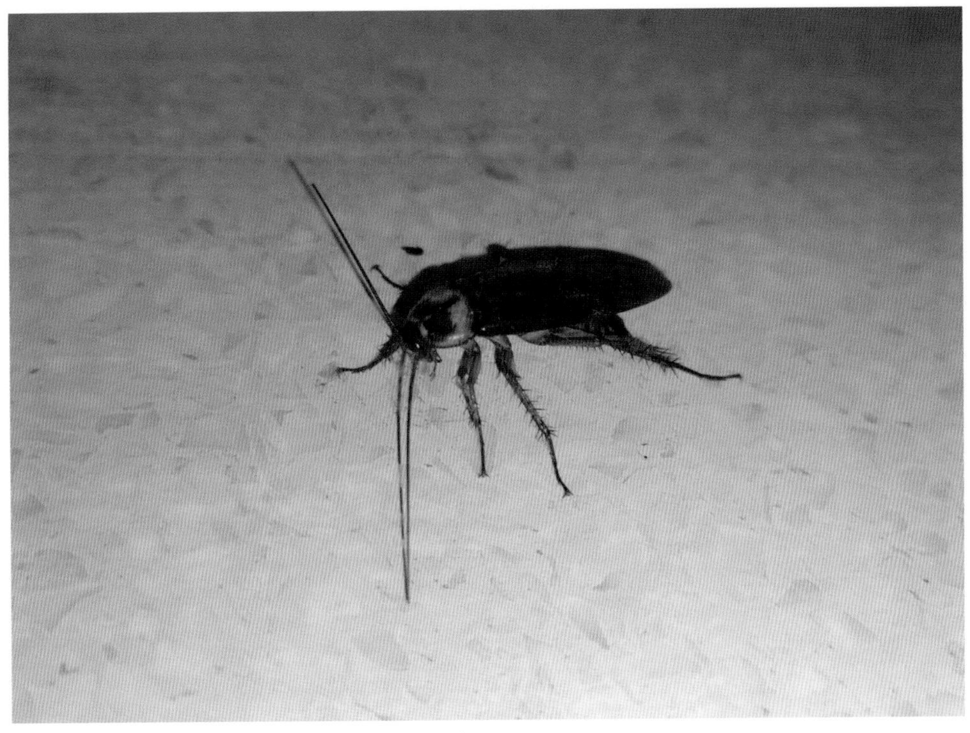

2022 年 6 月 5 日

2022 年 6 月 5 日

2022 年 6 月 5 日

2022 年 6 月 5 日

33. 菜粉蝶 *Pieris rapae* Linne

2022 年 9 月 24 日，油菜

2022 年 10 月 15 日，西藏报春

2022 年 10 月 15 日，西藏报春

2022 年 10 月 10 日，菊花

2022 年 10 月 11 日，菊花

34. 云粉蝶 *Pontia edusa* (F.)

2022 年 9 月 2 日，八宝景天

2022 年 9 月 2 日，八宝景天

2022 年 9 月 2 日，八宝景天

2022 年 9 月 2 日，八宝景天

35. 点玄灰蝶 *Tongeia filicaudis* (Pryer)

2013 年 9 月 6 日，八宝景天

2013 年 9 月 6 日，八宝景天

2013 年 9 月 6 日，八宝景天

2013 年 9 月 6 日，八宝景天

2013 年 9 月 6 日，老熟幼虫，八宝景天

2013 年 9 月 6 日，老熟幼虫，八宝景天

2013 年 9 月 6 日，老熟幼虫，八宝景天

2013 年 9 月 6 日，老熟幼虫，八宝景天

36. 东亚燕灰蝶 *Rapala micans* (Bremer *et* Grey)

2022 年 8 月 27 日，鼠尾草

2022 年 9 月 2 日，八宝景天

2022 年 9 月 2 日，尾部，八宝景天

2022 年 9 月 2 日，尾部，八宝景天

37. 黄钩蛱蝶 *Polygonia c-aureum* (L.)

2013 年 9 月 6 日，八宝景天

2013 年 9 月 6 日，八宝景天

2013 年 9 月 6 日，八宝景天

2013 年 9 月 6 日，八宝景天

2022 年 9 月 7 日，八宝景天

2022 年 9 月 2 日，八宝景天

2013 年 9 月 6 日，八宝景天

2013 年 9 月 6 日，八宝景天

鳞翅目 Lepidoptera

38. 中华谷弄蝶 *Pelopidas sinensis* Mabille

2022 年 9 月 16 日，百日菊

2022 年 9 月 24 日，百日菊

2022年10月14日，西藏报春

2022年10月9日，菊花

2022 年 10 月 10 日，菊花

2022 年 1 月 10 日，菊花

鳞翅目 Lepidoptera

39. 花椒凤蝶 *Papilio xuthus* L.

2012 年 1 月 31 日

2012 年 1 月 31 日

2012 年 1 月 31 日

2012 年 1 月 31 日

2011 年 9 月 14 日，低龄幼虫，花椒

2011 年 9 月 14 日，低龄幼虫，花椒

2011 年 9 月 14 日，高龄幼虫，花椒

2011 年 9 月 14 日，高龄幼虫，花椒

2011 年 9 月 14 日，高龄幼虫，花椒

2011 年 9 月 14 日，高龄幼虫头部，花椒

2011 年 9 月 14 日，高龄幼虫头部，花椒

2011 年 9 月 17 日，蛹，花椒

40. 银灰金星尺蛾 *Abraxas submartiaria* Wehrli

2021 年 8 月 29 日

半翅目

蜚蠊目

鳞翅目 >

脉翅目

膜翅目

鞘翅目

双翅目

螳螂目

缨翅目

直翅目

2021年8月29日

2021年8月29日

2021 年 8 月 29 日

2021 年 8 月 29 日

41. 大造桥虫 *Ascotis selenaria* (Denis *et* Schiffermüller)

半翅目
蜚蠊目
鳞翅目 >
脉翅目
膜翅目
鞘翅目
双翅目
螳螂目
缨翅目
直翅目

2013 年 9 月 6 日，幼虫，八宝景天

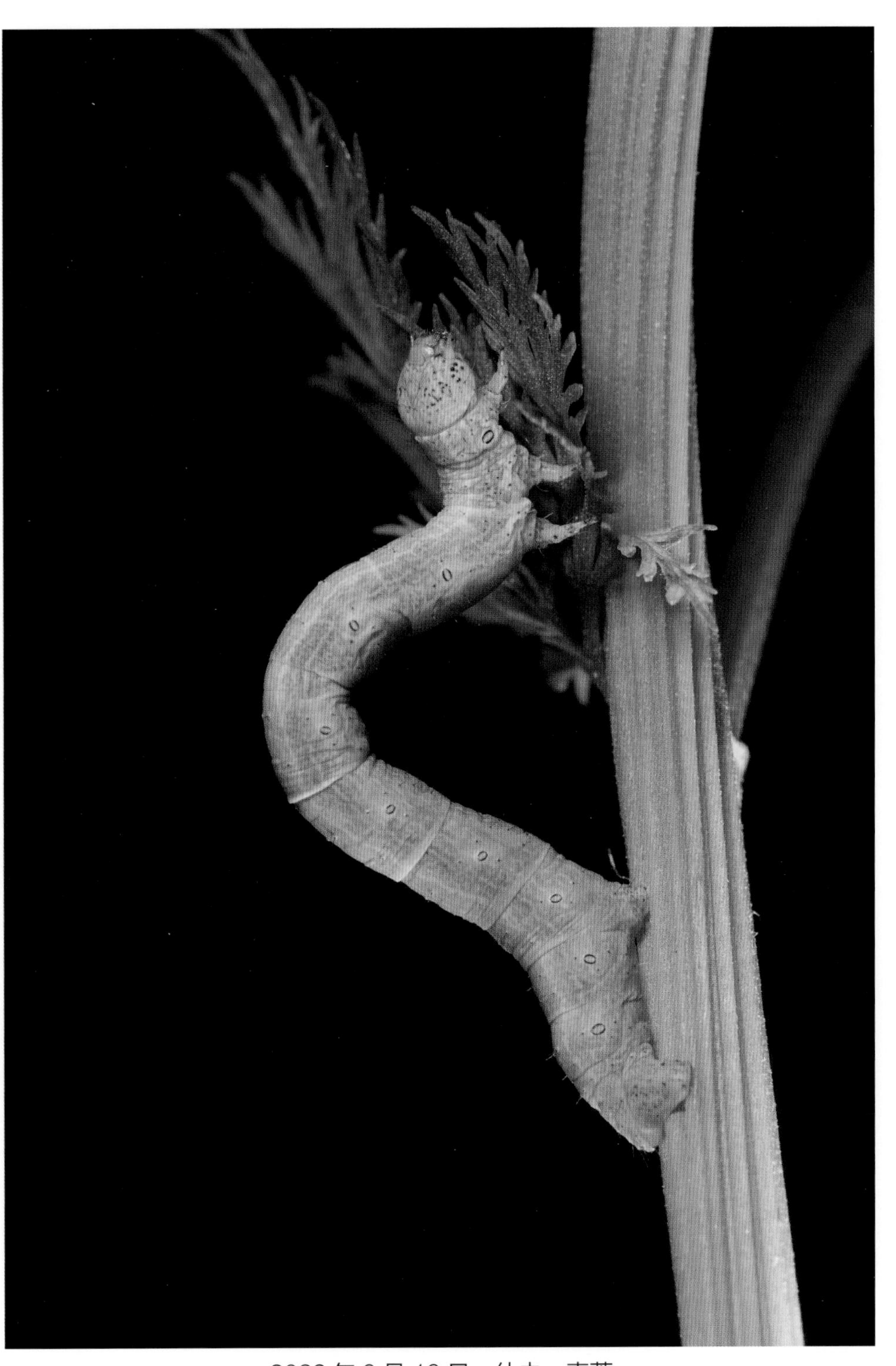

2022 年 6 月 16 日，幼虫，青蒿

2022 年 6 月 16 日，幼虫，青蒿

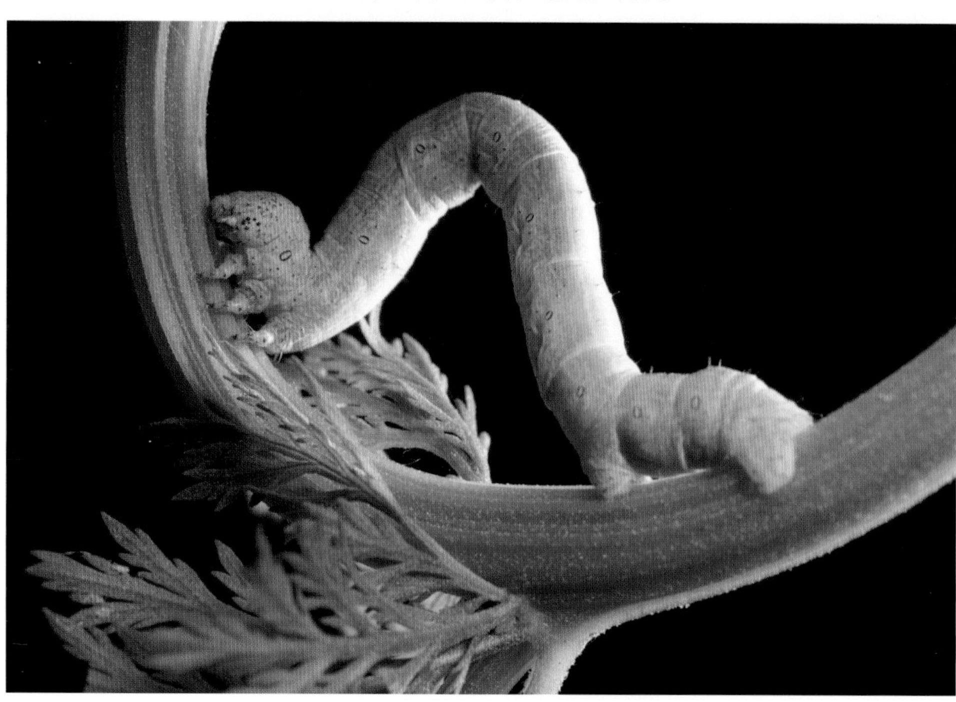

2022 年 6 月 16 日，幼虫，青蒿

2022 年 6 月 16 日，幼虫，青蒿

2022 年 6 月 16 日，幼虫头部，青蒿

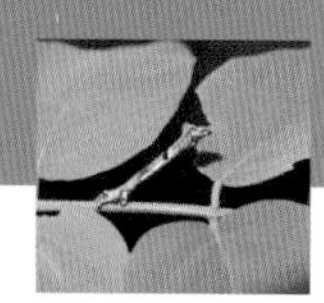

42. 刺槐外斑尺蛾 *Ectropis excellens* (Butler)

半翅目
蜚蠊目
鳞翅目 >
脉翅目
膜翅目
鞘翅目
双翅目
螳螂目
缨翅目
直翅目

2013 年 8 月 24 日，幼虫，刺槐

2013 年 8 月 24 日，幼虫，刺槐

2013 年 8 月 24 日，幼虫，刺槐

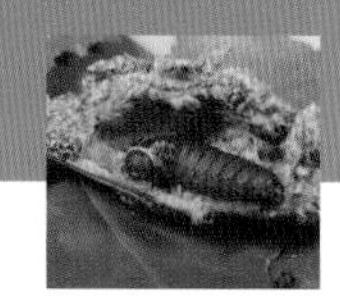

43. 刺槐袋蛾 *Acanthopsyche nigraplaga* (Wileman)

2020 年 8 月 12 日，袋囊

2020 年 8 月 12 日，幼虫

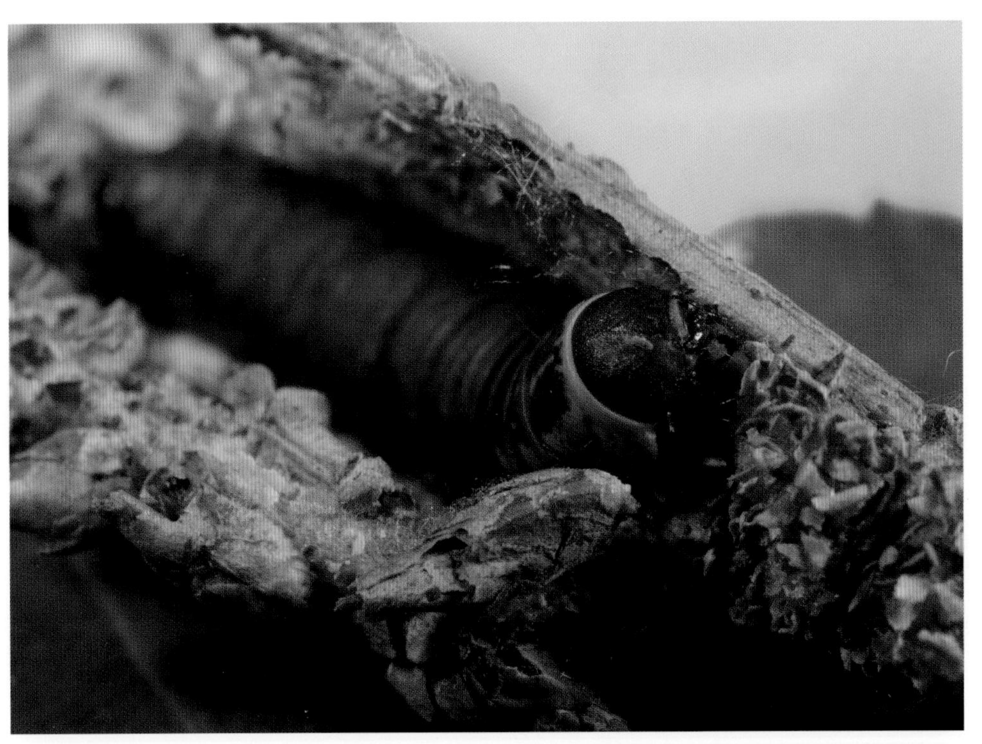

2020 年 8 月 12 日，幼虫

2020 年 8 月 12 日，幼虫

44. 大袋蛾 *Eumeta variegata* (Snellen)

2022 年 5 月 23 日，袋囊，西府海棠

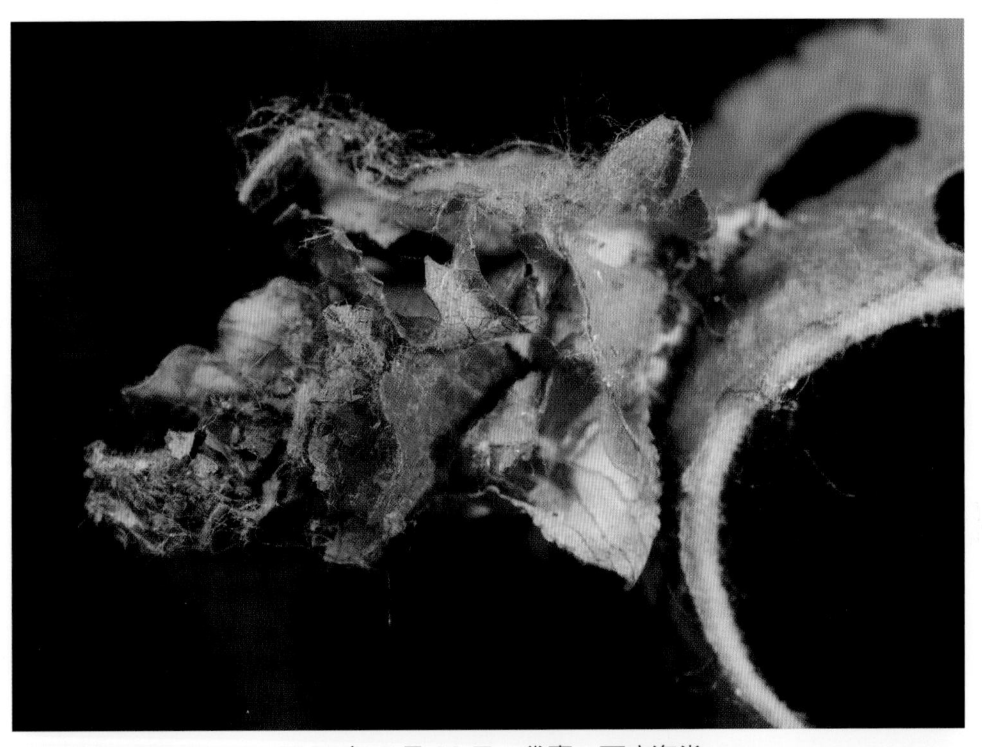

2022 年 5 月 23 日，袋囊，西府海棠

2022 年 5 月 23 日，袋囊，西府海棠

2022 年 5 月 23 日，幼虫，西府海棠

2022 年 5 月 23 日，幼虫，西府海棠

45. 美国白蛾 *Hyphantria cunea* (Drury)

2021 年 8 月 13 日，成虫交配

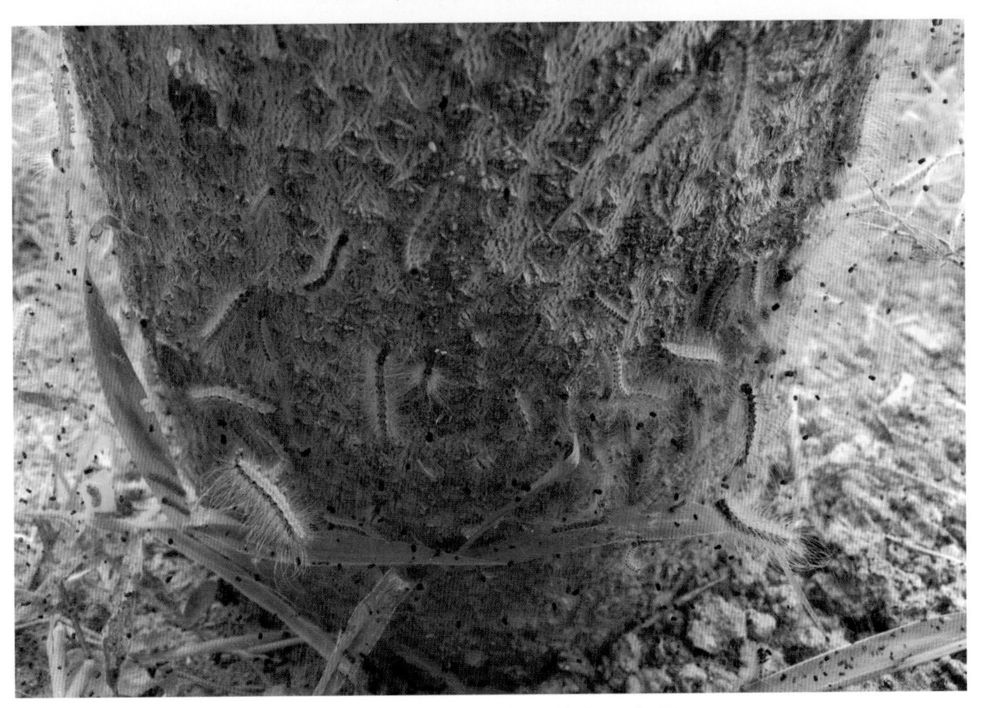

2010 年 9 月 15 日，幼虫，臭椿

2021 年 8 月 5 日，幼虫和危害状，金银木

2018 年 9 月 11 日，危害状，金银木

2010 年 9 月 15 日，危害状，臭椿

2021 年 8 月 4 日，危害状，核桃

46. 榆黄足毒蛾 *Ivela ochropoda* (Eversmann)

2021 年 6 月 11 日，幼虫，榆树

2021 年 6 月 11 日，幼虫，榆树

47. 角斑台毒蛾 *Orgyia recens* (Hübner)

2020 年 8 月 14 日，幼虫，月季

2021 年 8 月 5 日，幼虫，月季

2021 年 8 月 5 日，幼虫，月季

2021 年 8 月 5 日，幼虫，月季

2021 年 8 月 5 日，幼虫，月季

2020 年 8 月 14 日，幼虫，月季

48. 盗毒蛾 *Porthesia similis* (Fuessly)

2021 年 8 月 18 日，幼虫，西府海棠

2021 年 8 月 18 日，幼虫，西府海棠

2021 年 8 月 18 日，幼虫头胸部，西府海棠

2021 年 8 月 18 日，幼虫头部，西府海棠

2021 年 8 月 18 日，幼虫胸部，西府海棠

2021 年 8 月 18 日，幼虫头部，西府海棠

49. 黄杨绢野螟 *Cydalima perspectalis* (Walker)

2022年9月17日，头部

2022年9月17日

2022 年 9 月 17 日

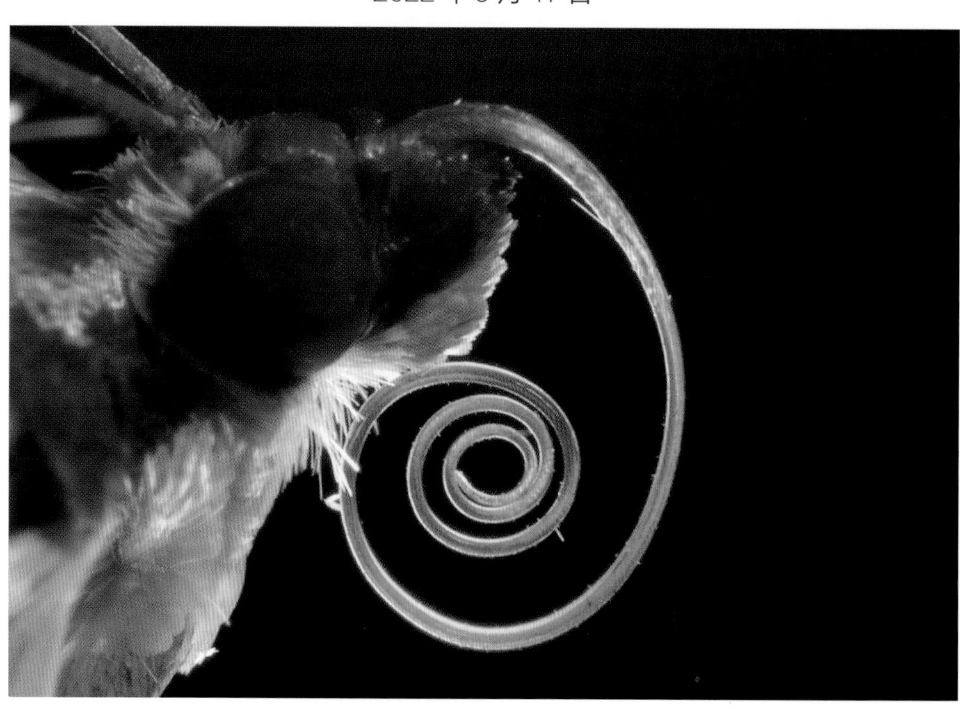

2022 年 9 月 17 日，头喙

鳞翅目 Lepidoptera

50. 桑绢野螟 *Glyphodes pyloalis* Walker

2013年9月6日，八宝景天

2013年9月6日，八宝景天

51. 紫斑谷螟 *Pyralis farinalis* (L.)

2014 年 6 月 10 日

2014 年 6 月 10 日

2014 年 6 月 10 日

2014 年 6 月 10 日

52. 白薯天蛾 Agrius convolvuli (L.)

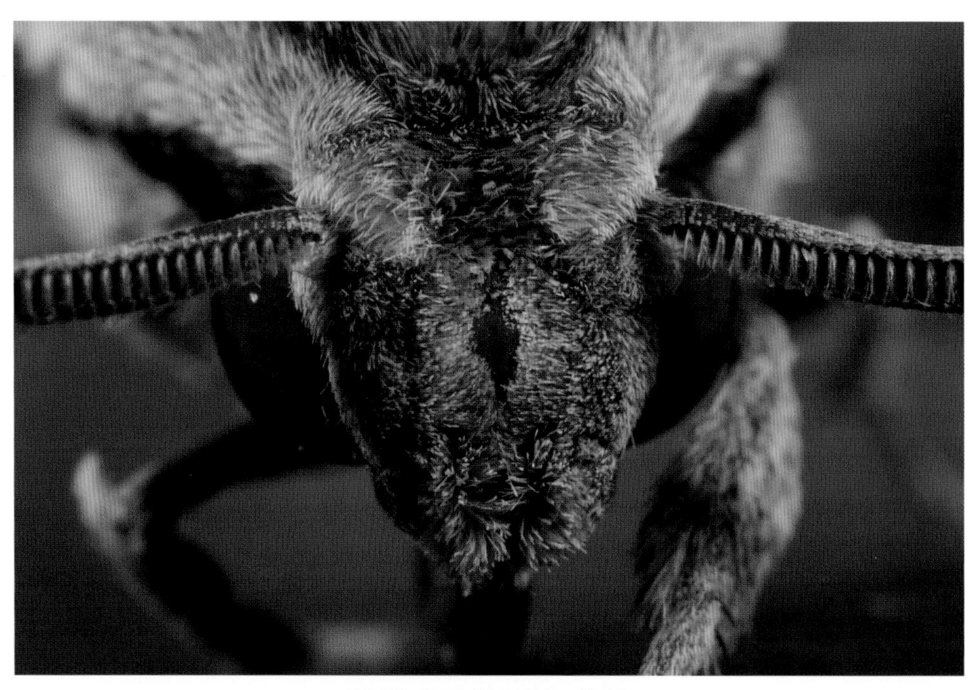

2022 年 9 月 7 日，头部

2022 年 9 月 7 日

2022 年 9 月 7 日

2022 年 9 月 7 日

2022 年 9 月 7 日

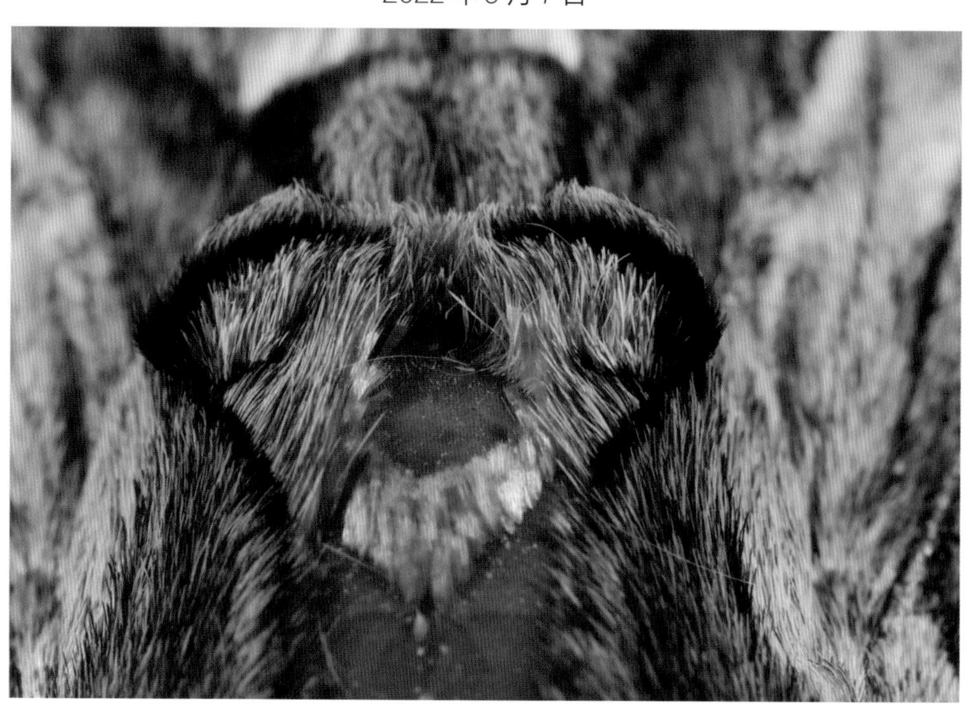

2022 年 9 月 7 日，胸部

53. 黑边天蛾 *Hemaris affinis* (Bremer)

2022年9月2日，百日菊

2022年9月2日，百日菊

2022 年 9 月 2 日，百日菊

2022 年 9 月 2 日，百日菊

54. 夜长喙天蛾 *Macroglossum nycteris* Kollar

2022 年 10 月 16 日，西藏报春

55. 小豆长喙天蛾 *Macroglossum stellatarum* (L.)

2022 年 10 月 11 日，百日菊

2022 年 10 月 10 日，百日菊

2022 年 10 月 11 日，百日菊

2022 年 9 月 27 日，百日菊

2022 年 10 月 15 日，百日菊

2022 年 9 月 27 日，百日菊

2022 年 10 月 15 日，百日菊

2022 年 9 月 27 日，百日菊

2022 年 9 月 27 日，百日菊

2022 年 10 月 15 日，百日菊

2022 年 10 月 15 日，百日菊

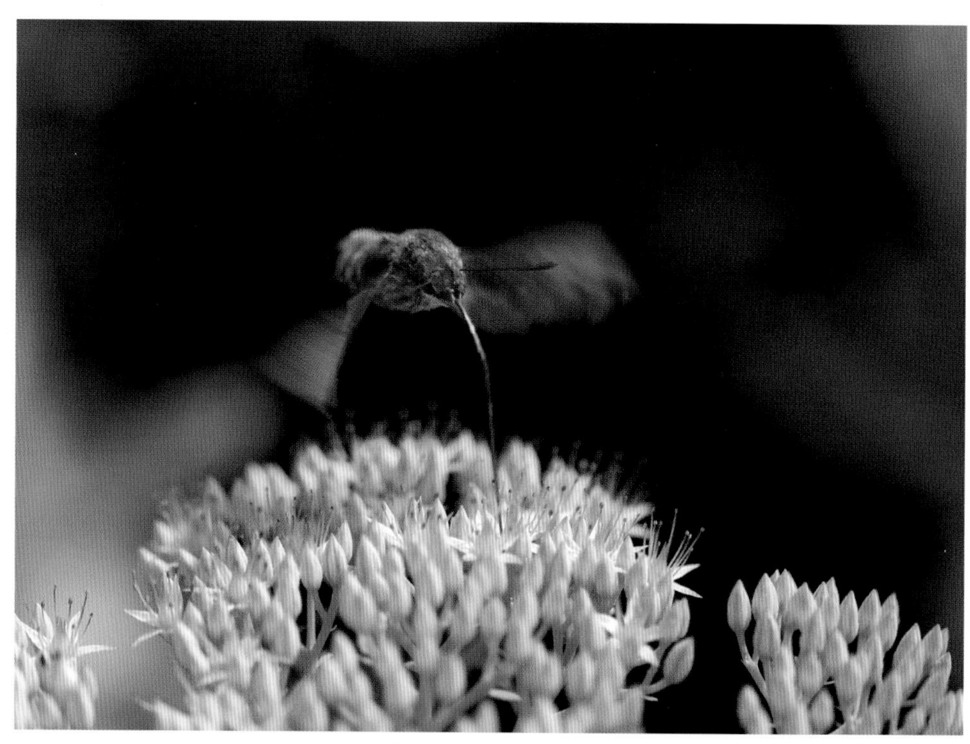

2013年9月6日，八宝景天

2013年9月6日，八宝景天

2022 年 10 月 16 日，西藏报春

2022 年 10 月 16 日，西藏报春

2022 年 10 月 16 日，西藏报春

2022 年 10 月 17 日，西藏报春

2022 年 10 月 17 日，西藏报春

2022 年 10 月 14 日，西藏报春

2022 年 10 月 16 日，西藏报春

2022 年 10 月 14 日，西藏报春

2022年10月14日，西藏报春

2022年10月14日，西藏报春

2022 年 10 月 17 日，西藏报春

2022 年 10 月 16 日，西藏报春

2022 年 10 月 20 日，西藏报春

2022 年 10 月 20 日，西藏报春

56. 银锭夜蛾 *Macdunnoughia crassisigna* (Warren)

2022 年 6 月 22 日

2022 年 6 月 22 日

2022 年 6 月 22 日

2022 年 6 月 22 日

2022 年 6 月 22 日

2022 年 6 月 22 日

2022 年 6 月 22 日，翅基部背面

2022 年 6 月 22 日，翅基部侧面

脉翅目 Neuroptera

57. 日本通草蛉 *Chrysoperla nipponensis* (Okamoto)

2014 年 10 月 7 日

2014 年 10 月 7 日

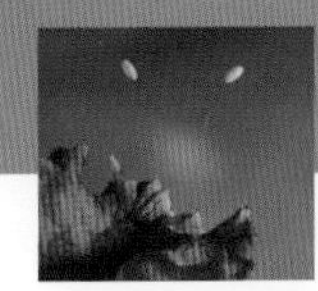

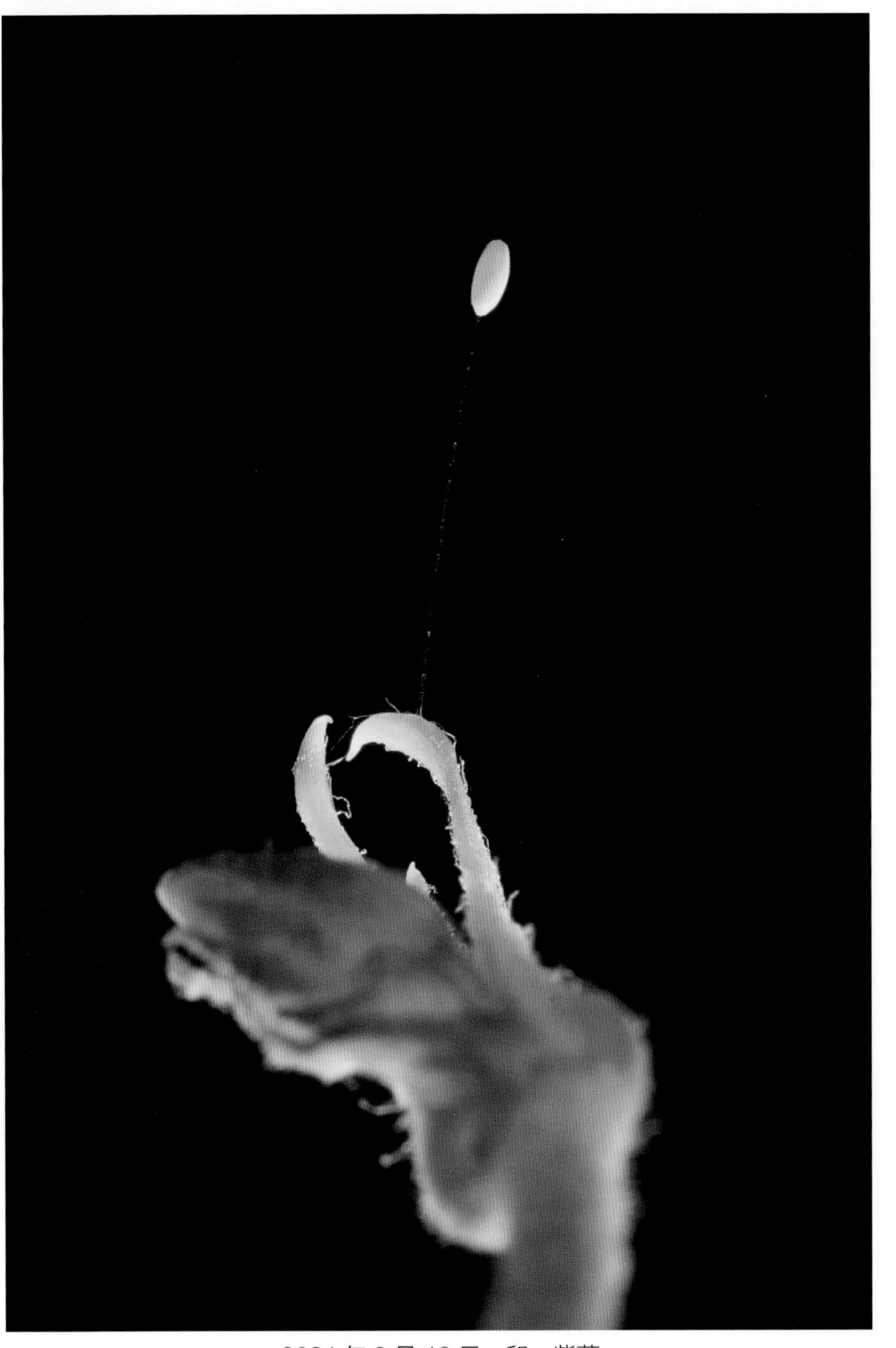

2021 年 8 月 18 日，卵，紫薇

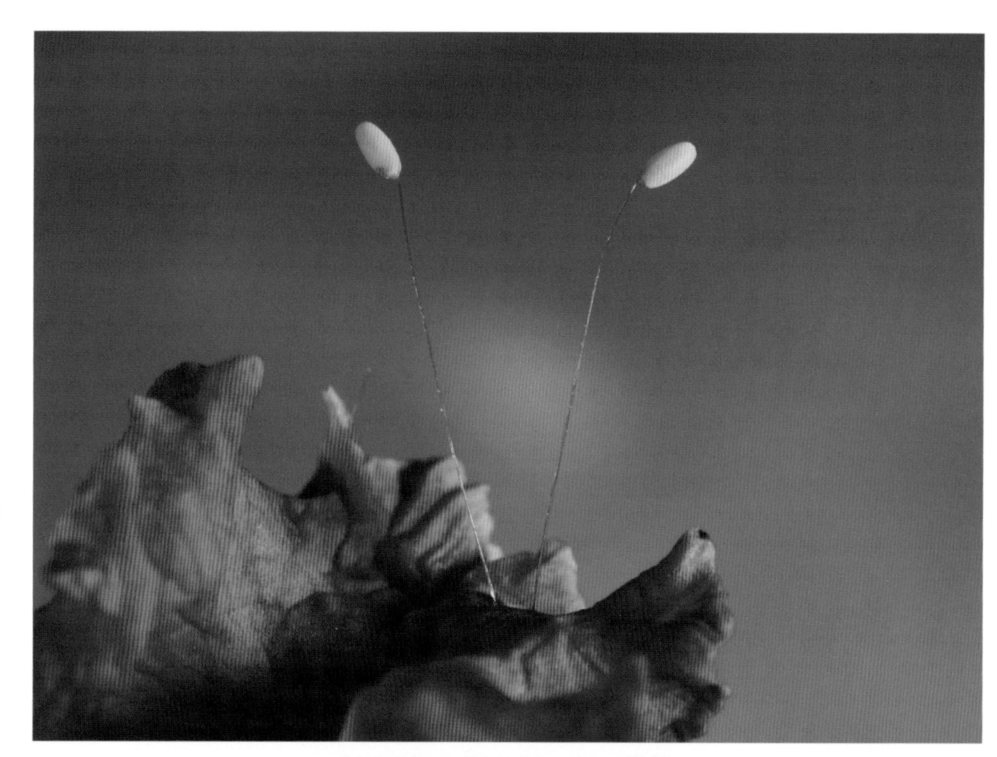

2021年8月6日，卵，紫薇

2021年8月6日，卵，紫薇

2022 年 9 月 2 日，幼虫，百日菊

2022 年 9 月 2 日，幼虫，百日菊

膜翅目 Hymenoptera

60. 西方蜜蜂 *Apis mellifera* L.

2022 年 10 月 10 日，油菜

2022 年 10 月 10 日，油菜

2022 年 10 月 10 日，油菜

2022 年 10 月 10 日，菊芋

2022 年 10 月 10 日，菊芋

2022 年 9 月 19 日，百日菊

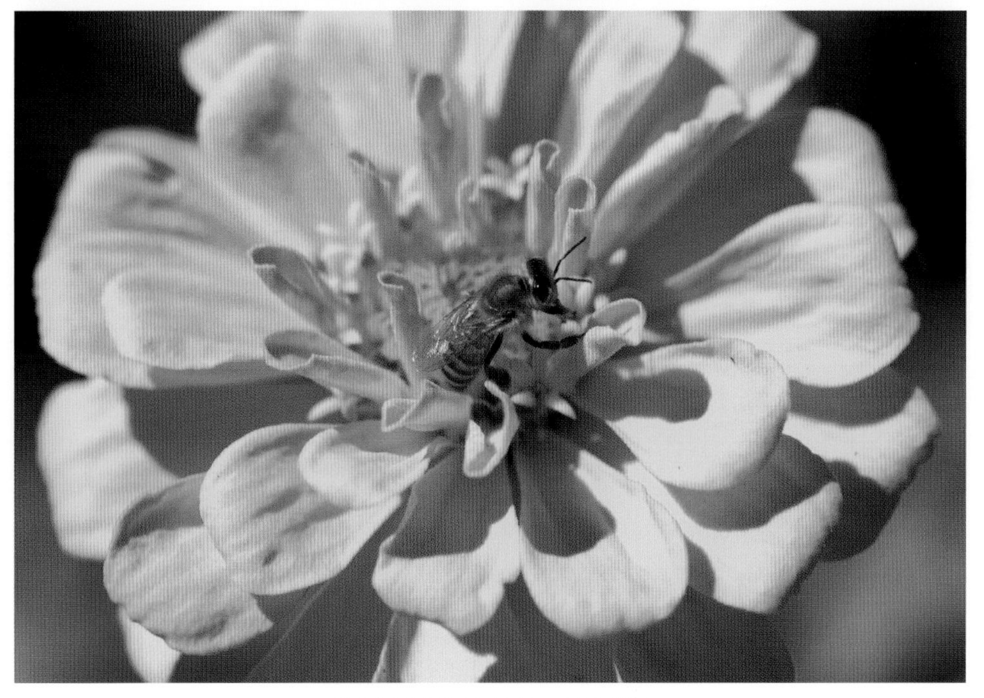

2022 年 9 月 5 日，百日菊

2022年9月10日，百日菊

2022年9月2日，百日菊

2022 年 10 月 11 日，西藏报春

2022 年 10 月 11 日，西藏报春

2022 年 10 月 11 日，西藏报春

2022 年 10 月 11 日，西藏报春

61. 花长须蜂 *Eucera floralia* (Smith)

2019 年 3 月 11 日

2019 年 3 月 11 日

62. 青绿突背青蜂 *Stilbum cyanurum* (Forester)

2020 年 8 月 12 日

2020 年 8 月 12 日

2020 年 8 月 12 日

2020 年 8 月 12 日，头部

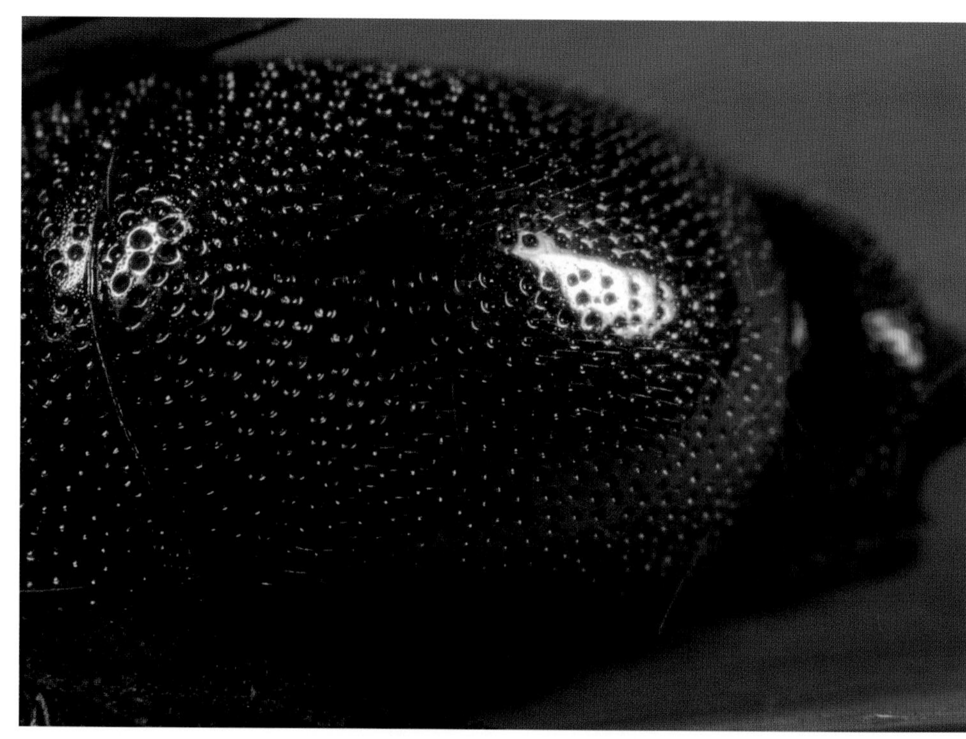

2020 年 8 月 12 日，前胸

2020 年 8 月 12 日，前胸刻点

63. 菲岛抱缘姬蜂 *Temelucha philippinensis* Ashmead

2011 年 9 月 12 日

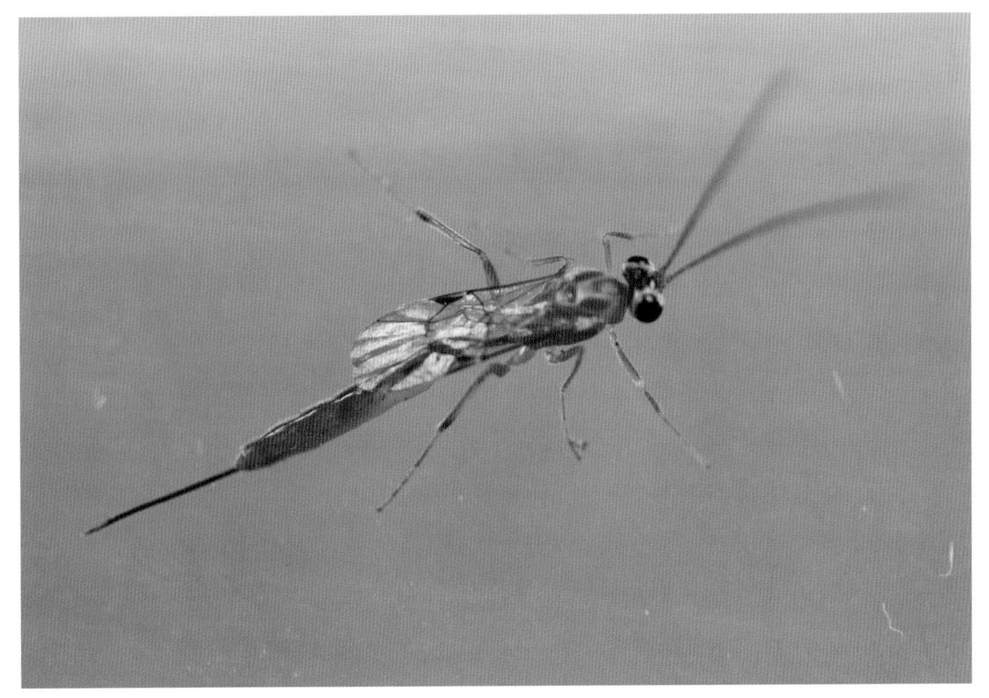

2011 年 9 月 12 日

64. 周氏啮小蜂 *Chouioia cunea* Yang

2022 年 1 月 15 日，出自美国白蛾蛹

2022 年 1 月 15 日，出自美国白蛾蛹

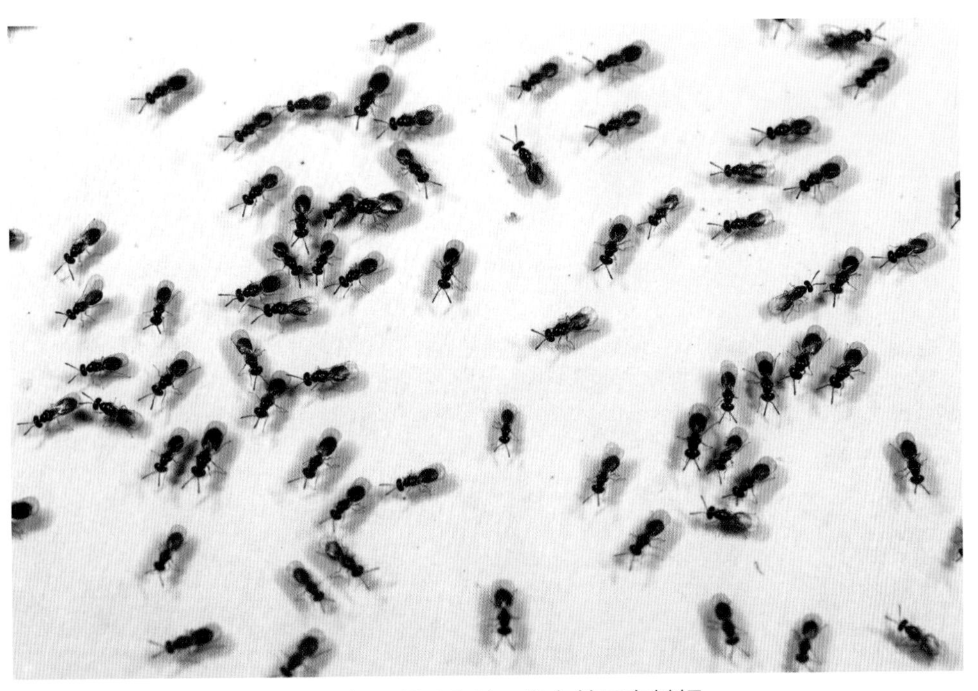

2022 年 1 月 15 日，出自美国白蛾蛹

2022 年 1 月 26 日，出自美国白蛾蛹

2022 年 1 月 26 日，出自美国白蛾蛹

2022 年 1 月 26 日，出自美国白蛾蛹

2022 年 1 月 26 日，出自美国白蛾蛹

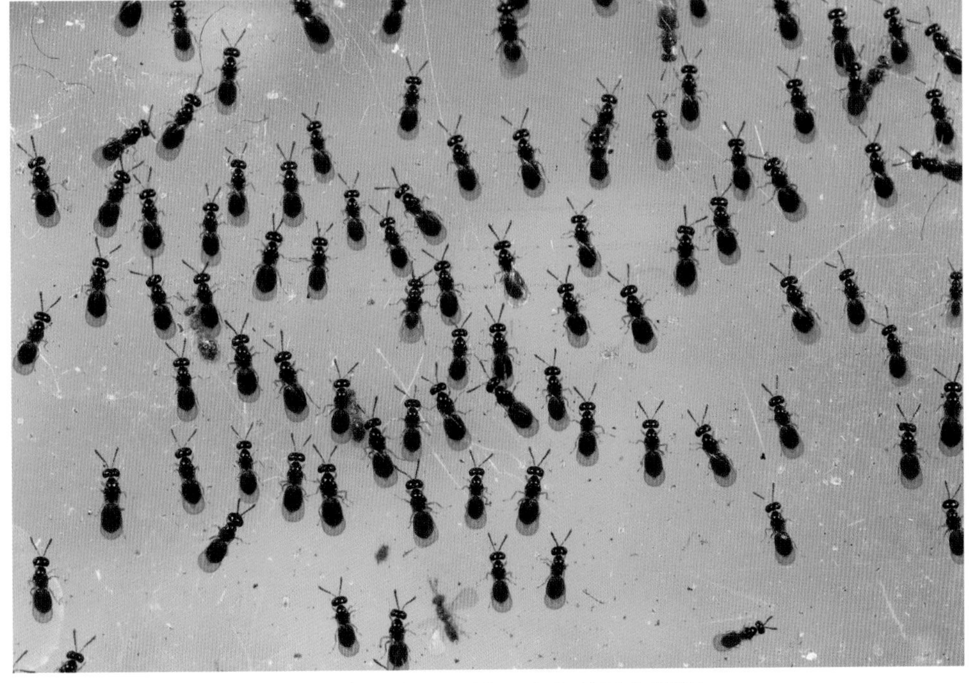

2022 年 1 月 26 日，出自美国白蛾蛹

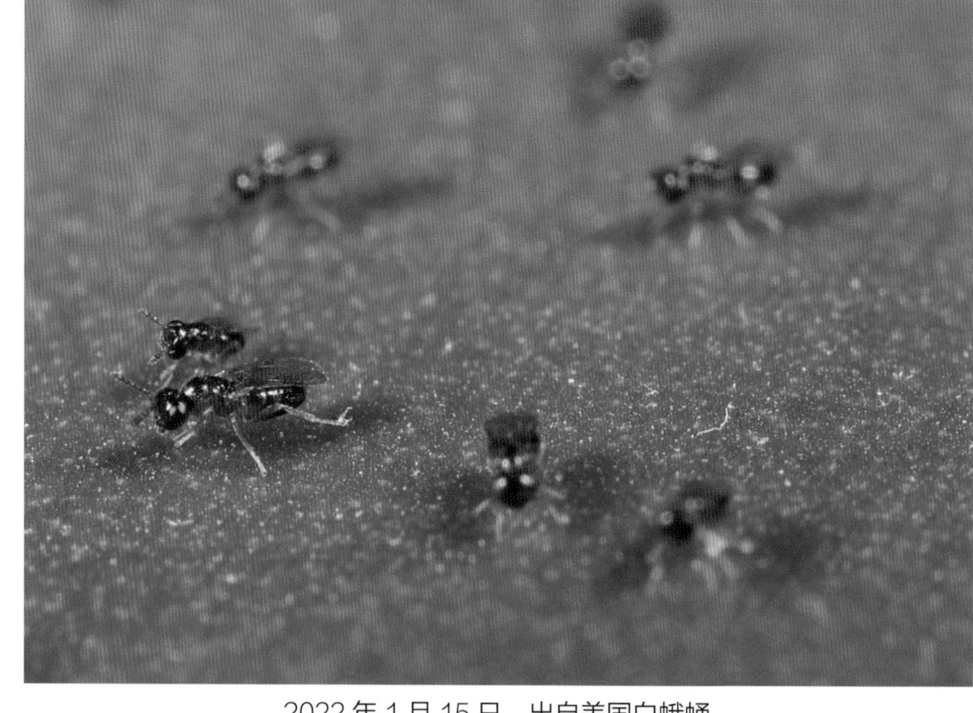

2022 年 1 月 15 日，出自美国白蛾蛹

2022 年 1 月 15 日，出自美国白蛾蛹

2022 年 1 月 15 日，出自美国白蛾蛹

2022 年 1 月 15 日，出自美国白蛾蛹

65. 两色长距姬小蜂 *Euplectrus bicolor* Swederus

2022 年 7 月 9 日，被寄生的鳞翅目幼虫

2022 年 7 月 9 日，被寄生的鳞翅目幼虫

2022 年 7 月 9 日，被寄生的鳞翅目幼虫

2022 年 7 月 9 日，被寄生的鳞翅目幼虫

2022 年 7 月 9 日，蛹茧

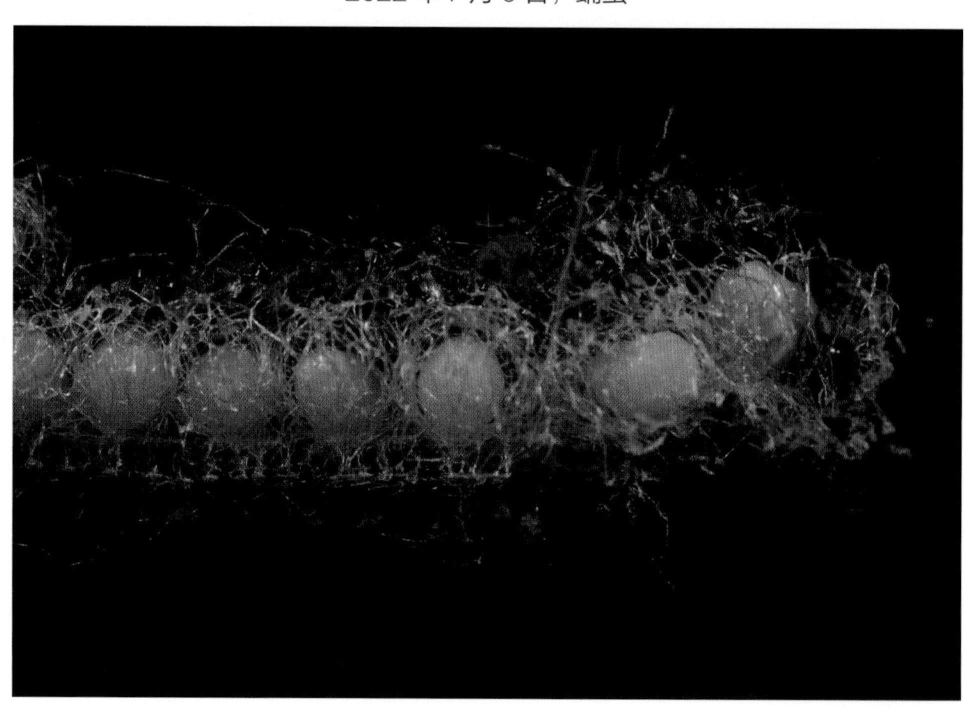

2022 年 7 月 9 日，蛹茧

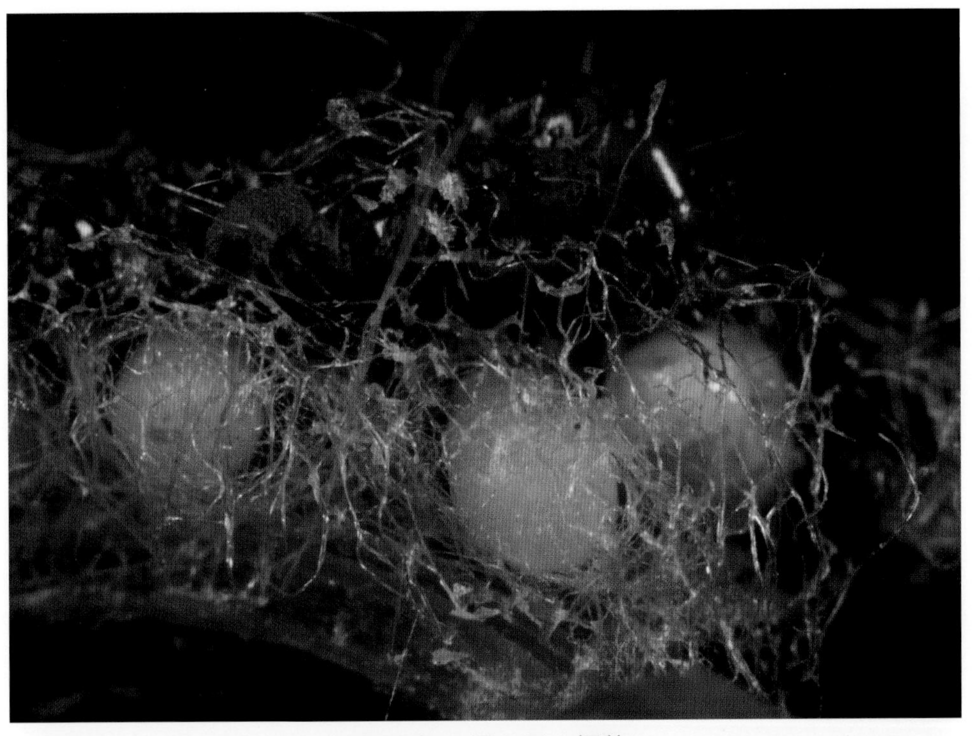

2022 年 7 月 9 日，蛹茧

2022 年 7 月 9 日，蛹茧

2022 年 7 月 16 日，成虫

2022 年 7 月 16 日，成虫

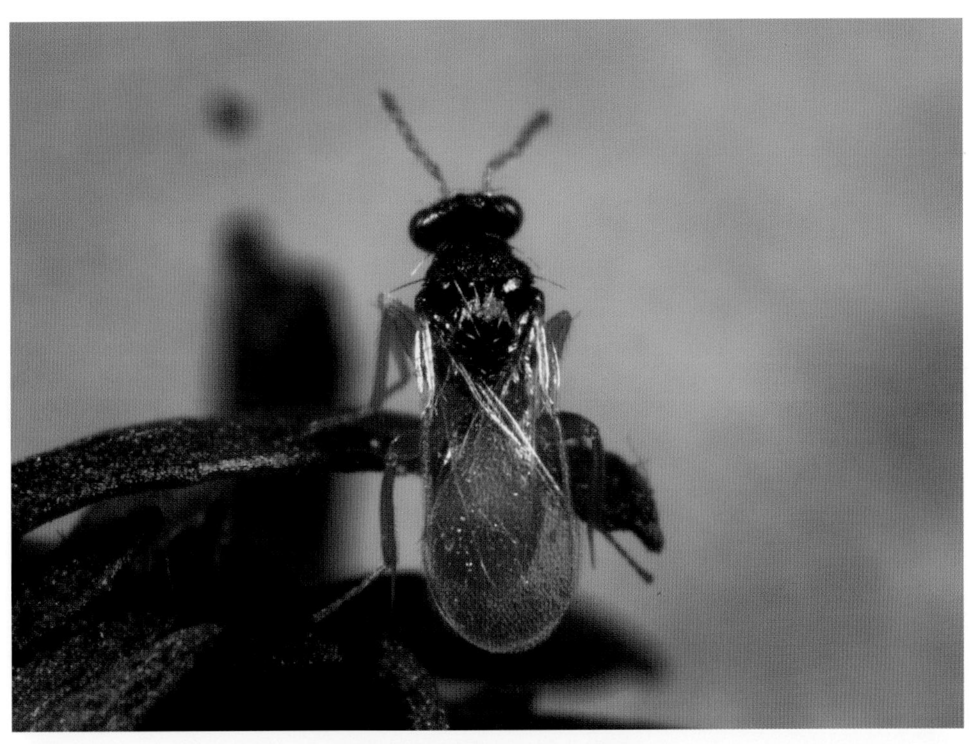

2022 年 7 月 16 日，成虫

2022 年 7 月 16 日，成虫

半翅目

蜚蠊目

鳞翅目

脉翅目

膜翅目 >

鞘翅目

双翅目

螳螂目

缨翅目

直翅目

2022 年 7 月 16 日，成虫

2022 年 7 月 16 日，成虫

2022 年 7 月 16 日，成虫

2022 年 7 月 16 日，成虫

66. 切叶蜂 *Megachile* sp.

2022 年 6 月 30 日，成虫

2022 年 6 月 30 日，成虫

2022 年 6 月 30 日，成虫

2022 年 6 月 30 日，成虫

2022 年 6 月 30 日，成虫

2022 年 8 月 4 日，危害状，月季

2022 年 8 月 4 日，危害状，月季

半翅目

蜚蠊目

鳞翅目

脉翅目

膜翅目 >

鞘翅目

双翅目

螳螂目

缨翅目

直翅目

2022 年 8 月 16 日，危害状，月季

2022 年 8 月 16 日，危害状，月季

67. 玫瑰三节叶蜂 *Arge pagana* Panzer

半翅目

蜚蠊目

鳞翅目

脉翅目

< 膜翅目

鞘翅目

双翅目

螳螂目

缨翅目

直翅目

2022 年 6 月 1 日，成虫，月季

2022 年 6 月 1 日，成虫，月季

2022 年 6 月 1 日，成虫，月季

2022 年 6 月 1 日，成虫，月季

2022 年 6 月 1 日，成虫，月季

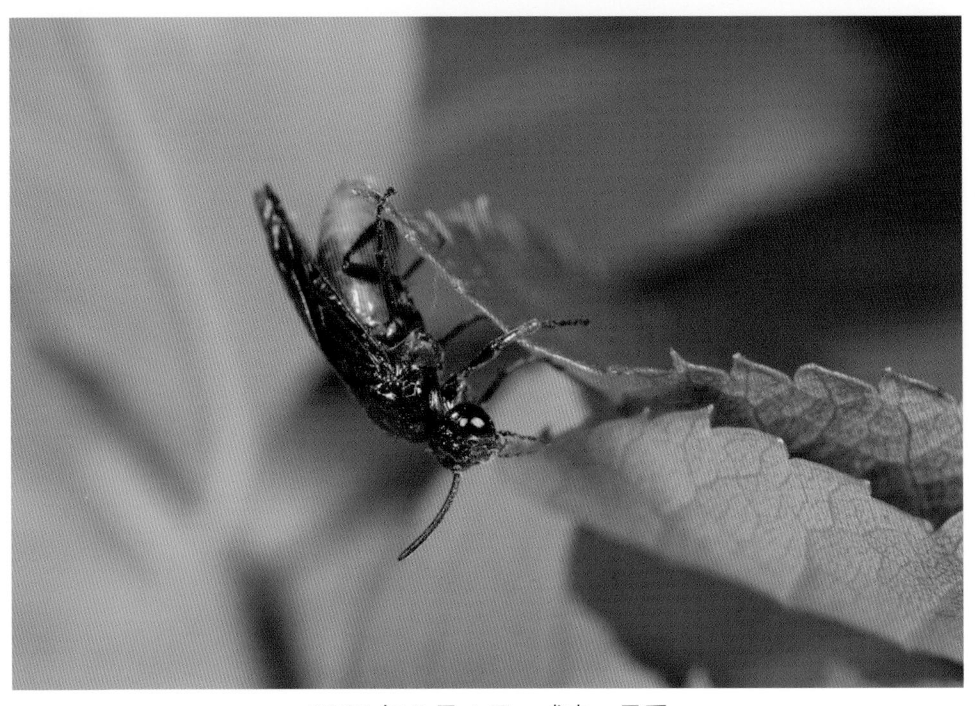

2022 年 6 月 1 日，成虫，月季

2022 年 6 月 1 日，成虫，月季

2022 年 6 月 1 日，成虫，月季

2022 年 6 月 1 日，成虫，月季

2022 年 6 月 1 日，成虫，月季

2019年9月26日，幼虫，月季

2019年9月26日，幼虫，月季

2019 年 9 月 26 日，幼虫，月季

2019 年 9 月 26 日，幼虫，月季

2019 年 9 月 26 日，幼虫，月季

2019 年 9 月 26 日，幼虫，月季

2019 年 9 月 26 日，幼虫，月季

2019 年 9 月 26 日，幼虫，月季

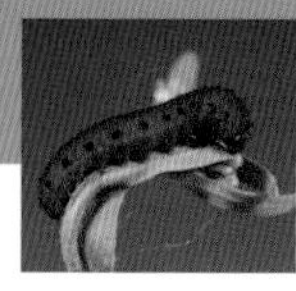

膜翅目 Hymenoptera

68. 叶蜂 Tenthredinidae

2020 年 5 月 6 日，幼虫，独行菜

2020 年 5 月 6 日，幼虫，独行菜

2020 年 5 月 6 日，幼虫，独行菜

2020 年 5 月 6 日，幼虫，独行菜

2020 年 5 月 6 日，幼虫，独行菜

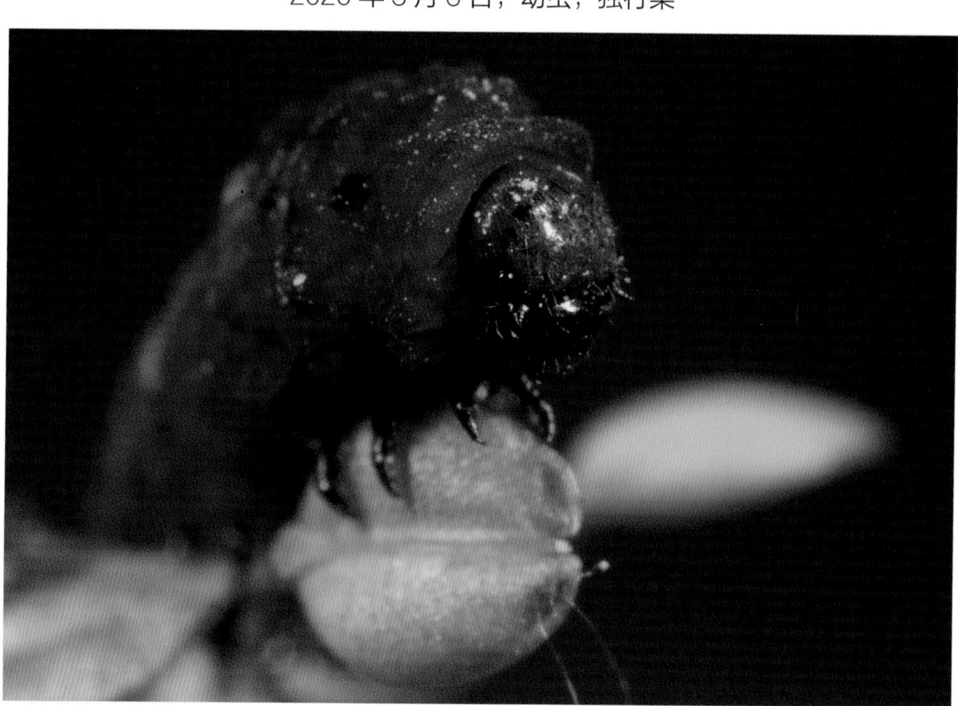

2020 年 5 月 6 日，幼虫，独行菜

69. 举腹蚁 *Crematogaster* sp.

2017 年 4 月 17 日，斑衣蜡蝉卵

2017 年 4 月 17 日，斑衣蜡蝉卵

2018 年 4 月 23 日，构树

2018 年 4 月 23 日，构树

70. 奇异毛蚁 *Lasius alienus* (Foerster)

2014 年 6 月 15 日，白杨毛蚜

2014 年 6 月 15 日，白杨毛蚜

2014 年 6 月 15 日，白杨毛蚜

2014 年 6 月 15 日，白杨毛蚜

2014 年 6 月 15 日，白杨毛蚜

2020 年 5 月 10 日，月季花

2020 年 5 月 10 日，月季花

2021年3月11日，悬铃木树皮

2022年5月12日，榆树

2022 年 5 月 12 日，榆树

2022 年 5 月 12 日，榆树

71. 黑毛蚁 *Lasius niger* (L.)

2017 年 4 月 17 日，斑衣蜡蝉初孵若虫

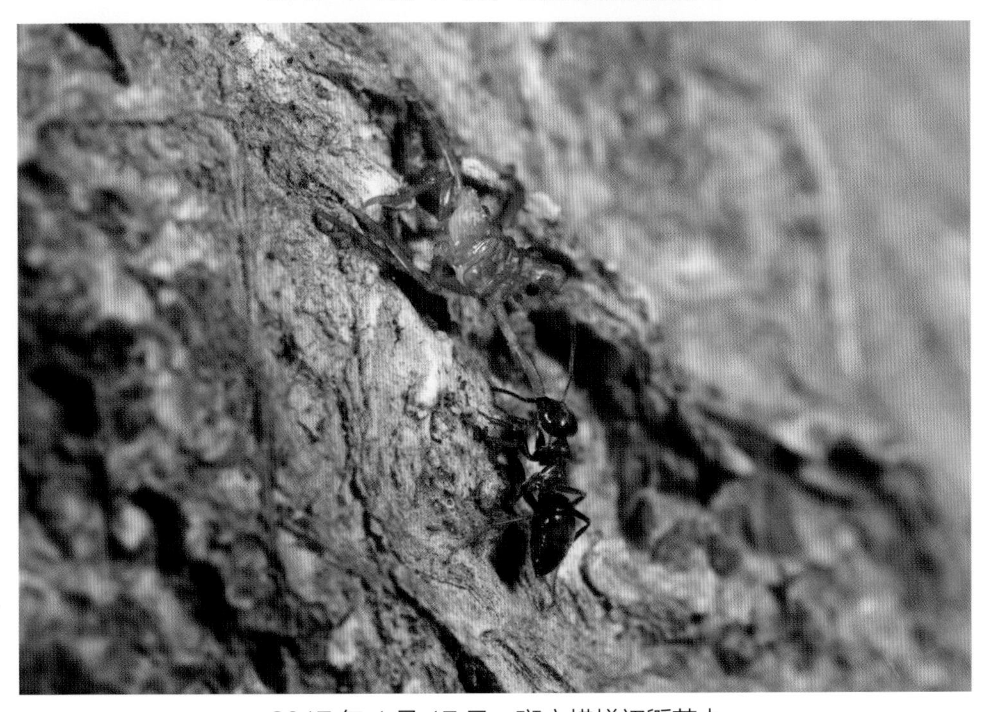

2017 年 4 月 17 日，斑衣蜡蝉初孵若虫

72. 异色瓢虫 *Harmonia axyridis* (Pallas)

2019 年 4 月 6 日，成虫

2021 年 8 月 13 日，成虫

2020 年 5 月 3 日，幼虫

2020 年 5 月 3 日，幼虫

2020 年 5 月 3 日，幼虫

2020 年 5 月 3 日，幼虫

73. 茄二十八星瓢虫 *Henosepilachna vigintioctopunctata* (F.)

半翅目

蜚蠊目

鳞翅目

脉翅目

膜翅目

< 鞘翅目

双翅目

螳螂目

缨翅目

直翅目

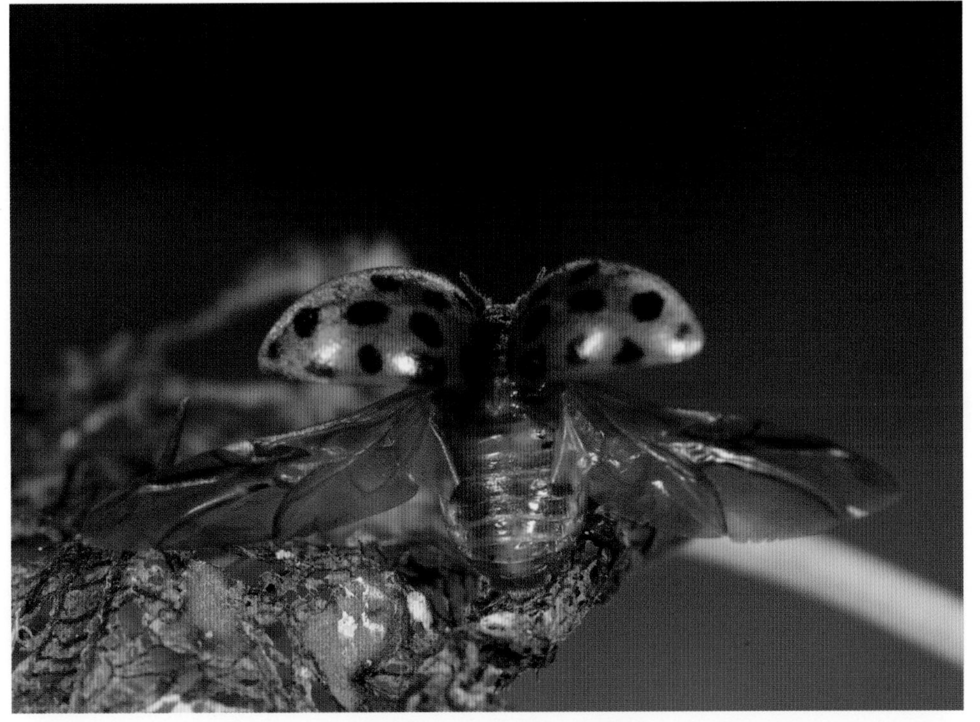

2022 年 8 月 12 日，成虫

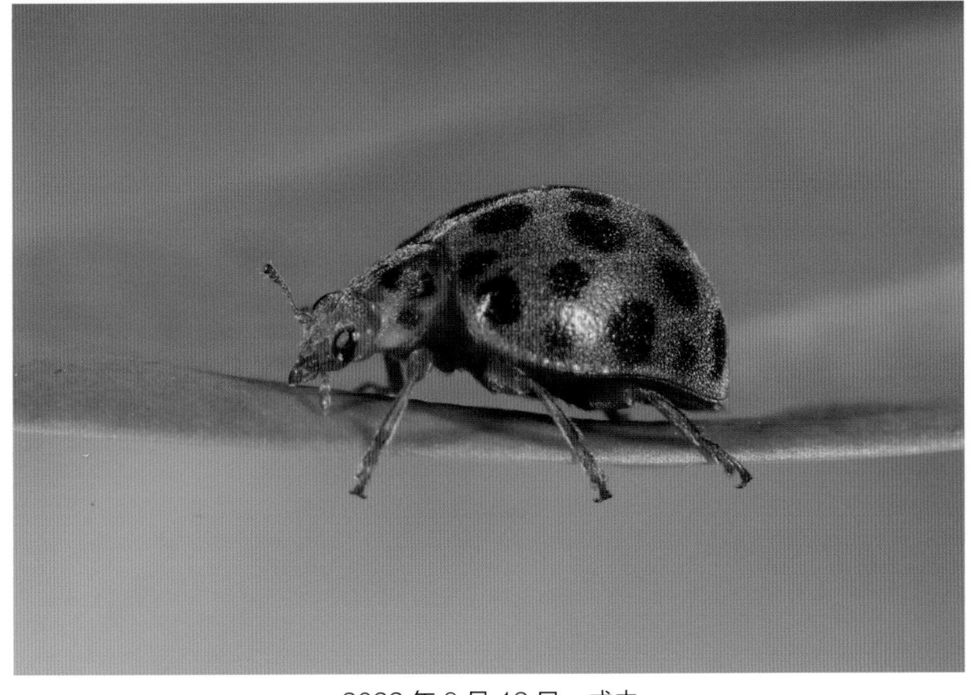

2022 年 8 月 12 日，成虫

2022 年 8 月 12 日，成虫

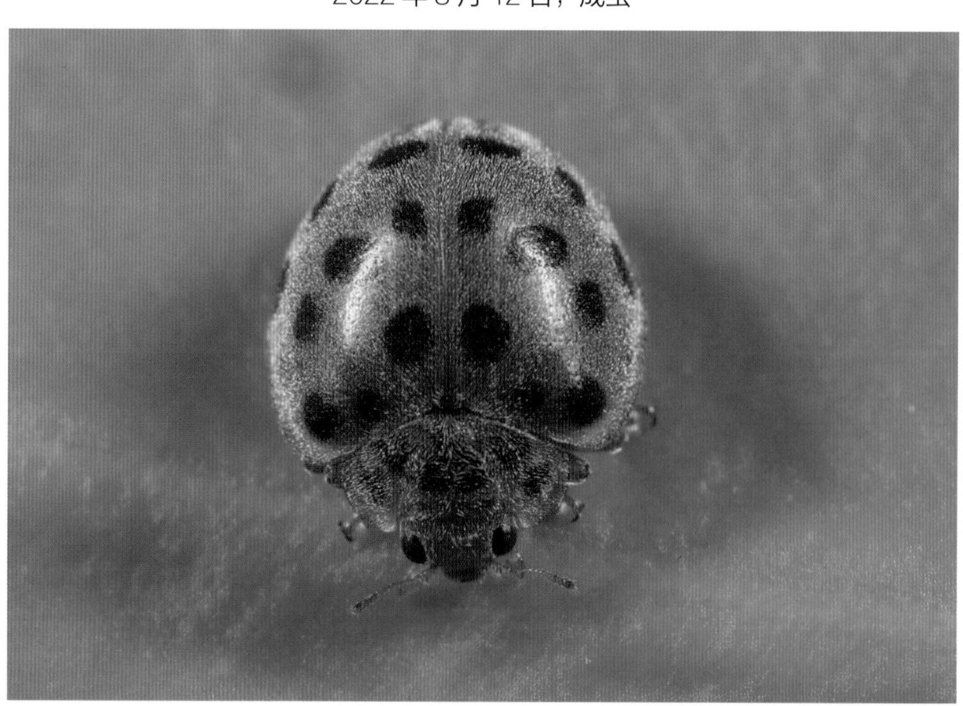

2022 年 8 月 12 日，成虫

2022 年 8 月 12 日，成虫

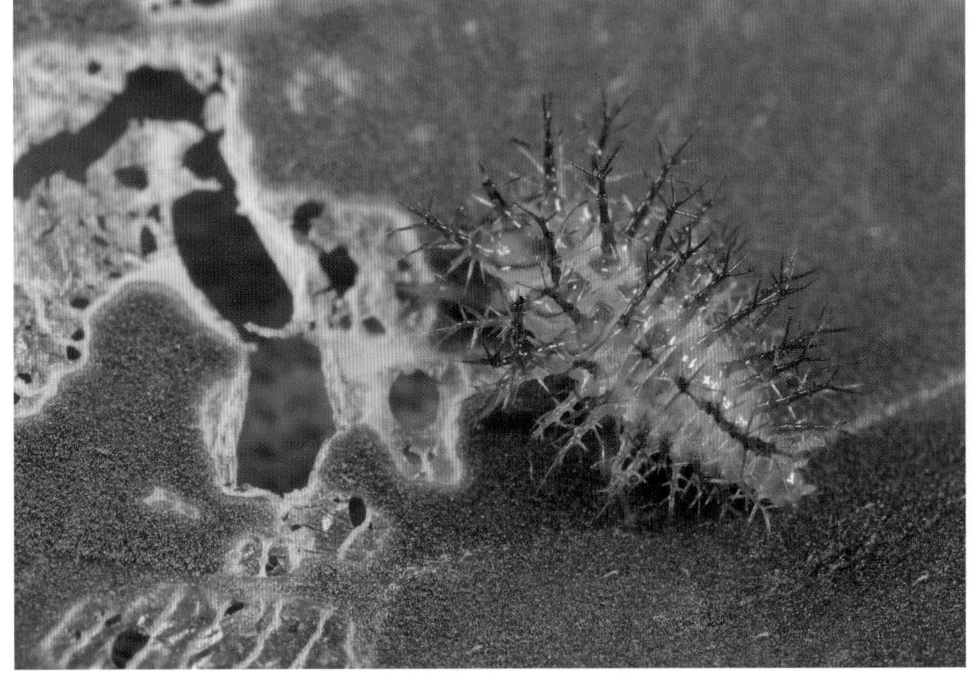

2022 年 8 月 10 日，幼虫

2022 年 8 月 10 日，幼虫

2022 年 8 月 10 日，幼虫

74. 深点食螨瓢虫 *Stethorus punctillum* Weise

2021 年 8 月 5 日，成虫

2021 年 8 月 5 日，成虫

2021年8月5日，幼虫

2021年8月5日，幼虫

75. 十二斑褐菌瓢虫 *Vibidia duodecimguttata* (Poda)

2020 年 7 月 14 日，成虫

2020 年 7 月 14 日，成虫

2020 年 7 月 14 日，成虫

2020 年 7 月 14 日，幼虫

2020 年 7 月 14 日，幼虫

2020 年 7 月 14 日，蛹壳

76. 华北大黑鳃金龟 *Holotrichia oblita* (Faldermann)

2022 年 5 月 18 日

2022 年 5 月 18 日

2022年5月18日

2022年5月18日

2022 年 5 月 18 日

2022 年 5 月 18 日

77. 毛婪步甲 *Harpalus griseus* (Panzer)

2022 年 7 月 8 日

2022 年 7 月 8 日

2022 年 7 月 8 日

78. 沟线角叩甲 *Pleonomus canaliculatus* (Faldermann)

2021 年 3 月 23 日

2021 年 3 月 23 日

2021 年 3 月 23 日

2021 年 3 月 23 日

2021 年 3 月 23 日

2021 年 3 月 23 日

鞘翅目 Coleoptera

79. 双斑锦天牛 *Acalolepta sublusca* (Thomson)

2019 年 6 月 30 日

2019 年 6 月 30 日

2019年6月30日

2019年6月30日

80. 臭椿沟眶象 *Eucryptorrhynchus brandti* (Harold)

2021 年 8 月 6 日，臭椿

2020 年 5 月 6 日，臭椿

2020 年 5 月 6 日，臭椿

2020 年 5 月 6 日，臭椿

2020 年 5 月 6 日，臭椿

2020 年 5 月 6 日，假死

81. 沟眶象 *Eucryptorrhynchus scrobiculatus* Motschulsky

2014 年 8 月 21 日，臭椿

2014 年 8 月 21 日，臭椿

半翅目

蜚蠊目

鳞翅目

脉翅目

膜翅目

鞘翅目 >

双翅目

螳螂目

缨翅目

直翅目

2014 年 8 月 21 日，右边个体大者为臭椿沟眶象

2014 年 8 月 21 日，左边个体大者为臭椿沟眶象

鞘翅目 Coleoptera

82. 毛足象 *Phacephorus* sp.

2022 年 3 月 4 日

2022 年 3 月 4 日

2022年3月4日

2022年3月4日

83. 紫薇橘象 *Pseudorobitis gibbus* Redtenbacher

2021 年 7 月 26 日，紫薇

2021 年 7 月 26 日，紫薇

2021 年 7 月 26 日，紫薇

2021 年 7 月 26 日，紫薇

2021 年 7 月 26 日，紫薇

2021 年 7 月 26 日，紫薇

84. 食虫虻 Asilidae

半翅目
蜚蠊目
鳞翅目
脉翅目
膜翅目
鞘翅目
双翅目 >
螳螂目
缨翅目
直翅目

2021 年 7 月 21 日

双翅目 Diptera

85. 柱蜂虻 *Conophorus* sp.

2022 年 4 月 30 日

2022 年 4 月 30 日

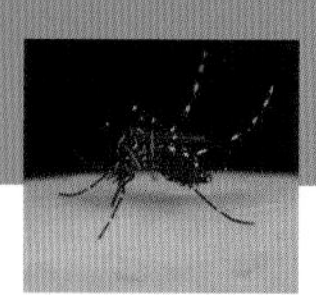

双翅目 Diptera

86. 白纹伊蚊 *Aedes albopictus* (Skuse)

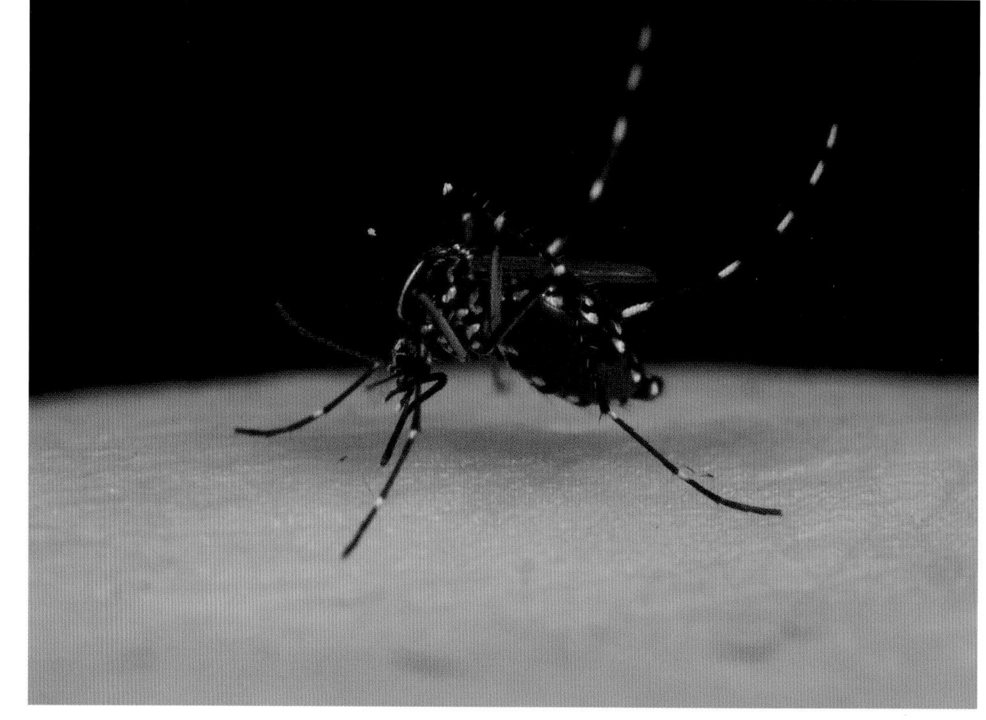

2021 年 8 月 4 日

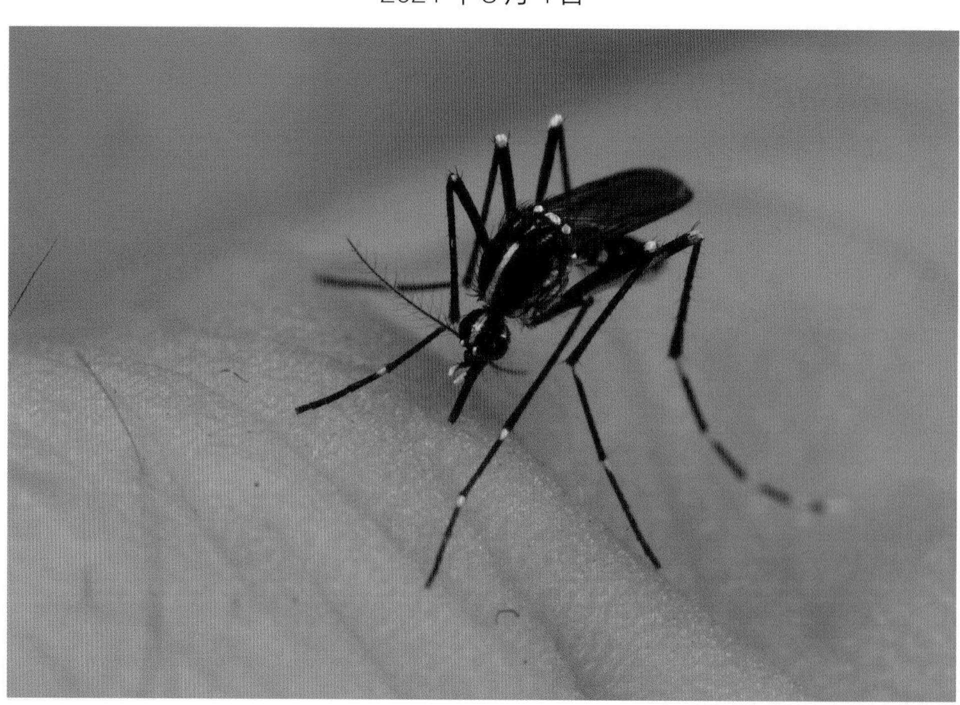

2021 年 8 月 4 日

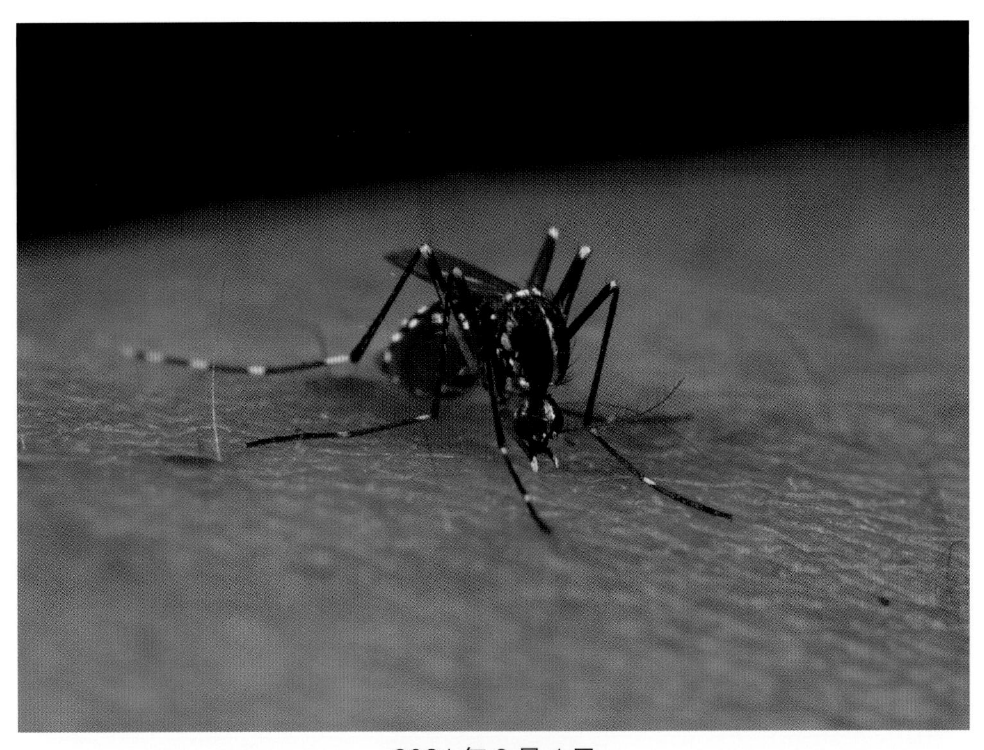

2021年8月4日

2021年8月4日

双翅目 Diptera

87. 摇蚊 *Chironomus* sp.

2022 年 3 月 5 日

2022 年 3 月 5 日

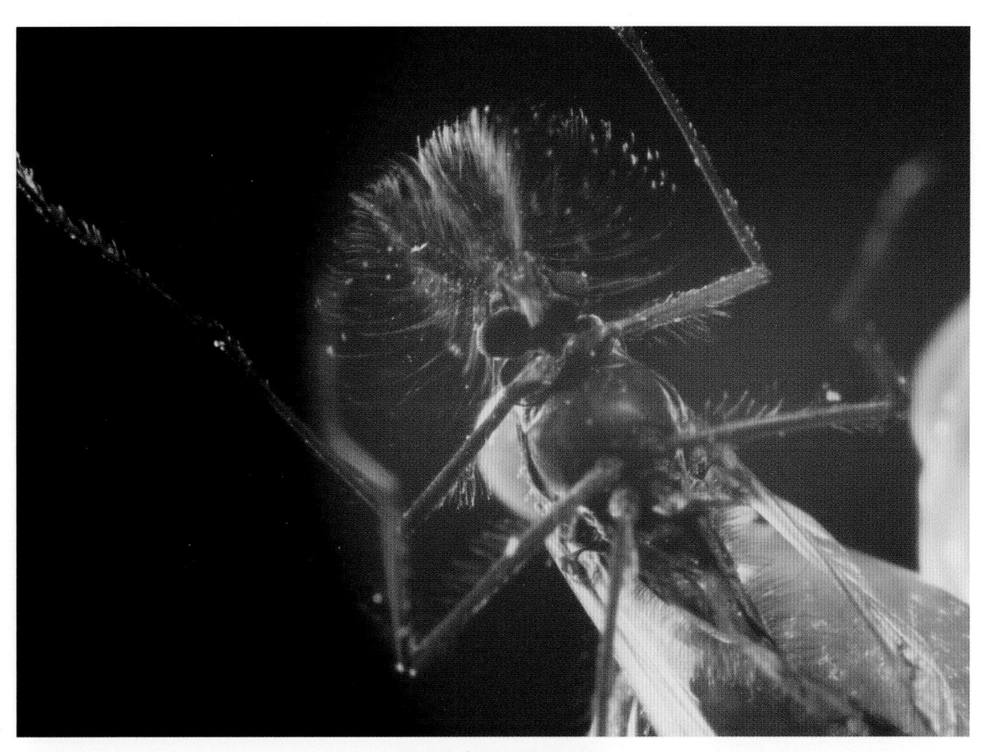

2022年3月5日

2022年3月5日

双翅目 Diptera

88. 大蚊 *Tipula* sp.

2011 年 9 月 14 日

2022 年 7 月 13 日

双翅目 Diptera

89. 白斑蛾蚋 *Telmatoscopus albipunctata* (Williston)

2019年8月12日

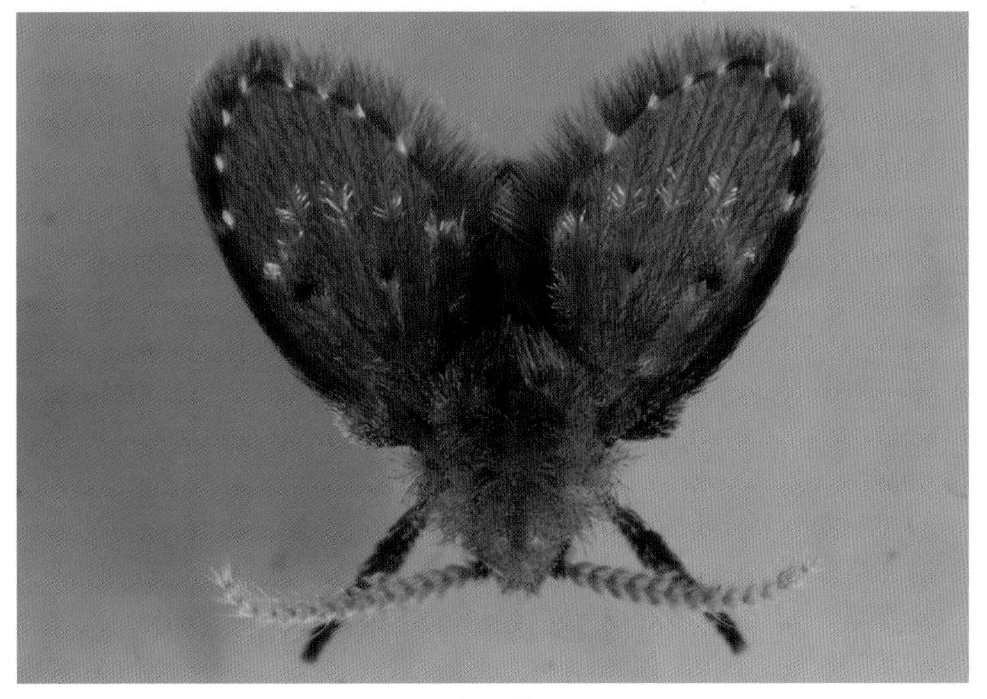

2019年8月12日

2019 年 8 月 12 日

2019 年 8 月 13 日

双翅目 Diptera

90. 黑带食蚜蝇 *Episyrphus balteatus* (DeGeer)

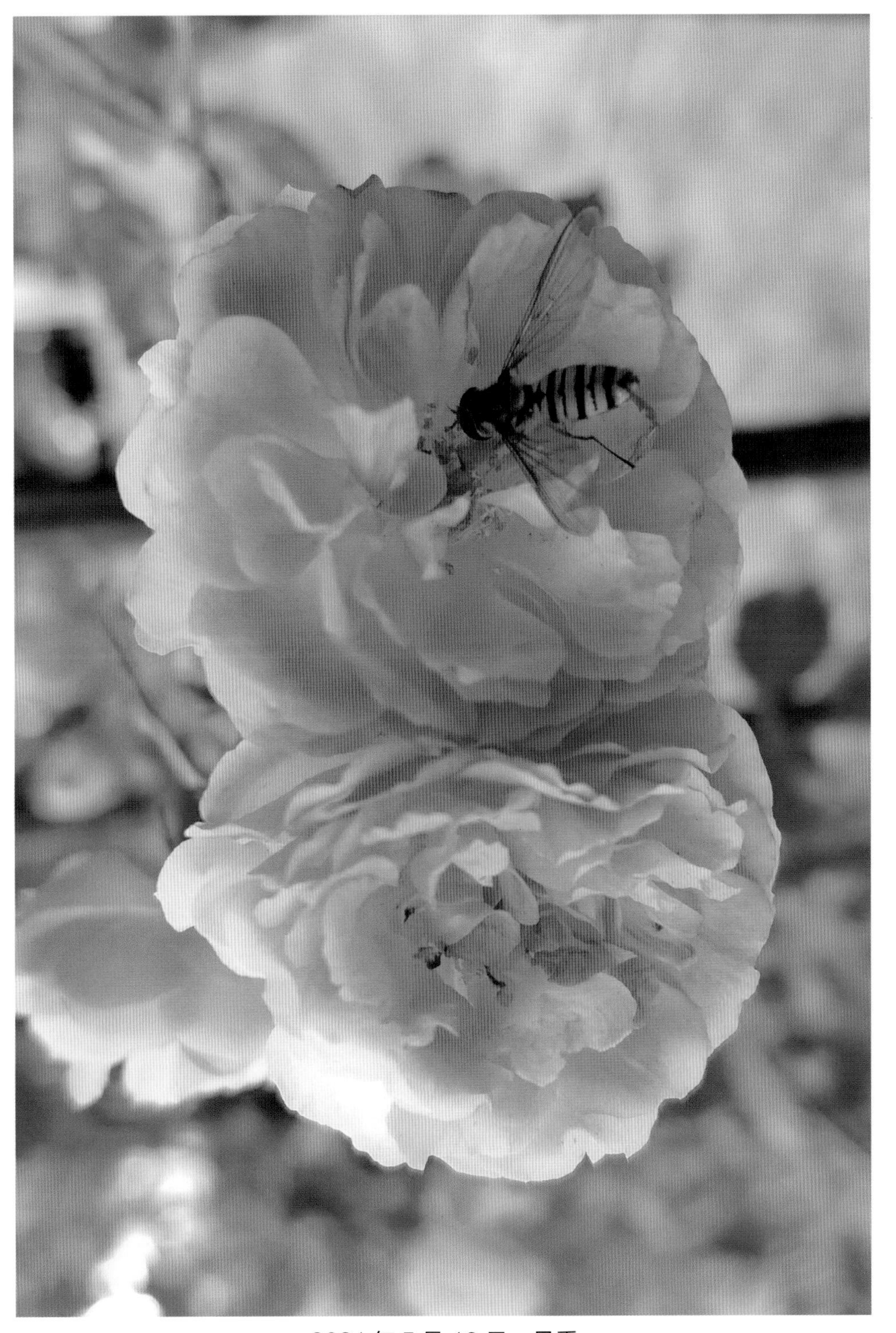

2021 年 5 月 18 日，月季

91. 大灰优蚜蝇 *Eupeodes corollae* (F.)

半翅目

蜚蠊目

鳞翅目

脉翅目

膜翅目

鞘翅目

双翅目 >

螳螂目

缨翅目

直翅目

2022 年 5 月 25 日

92. 羽芒宽盾蚜蝇 *Phytomia zonata* (F.)

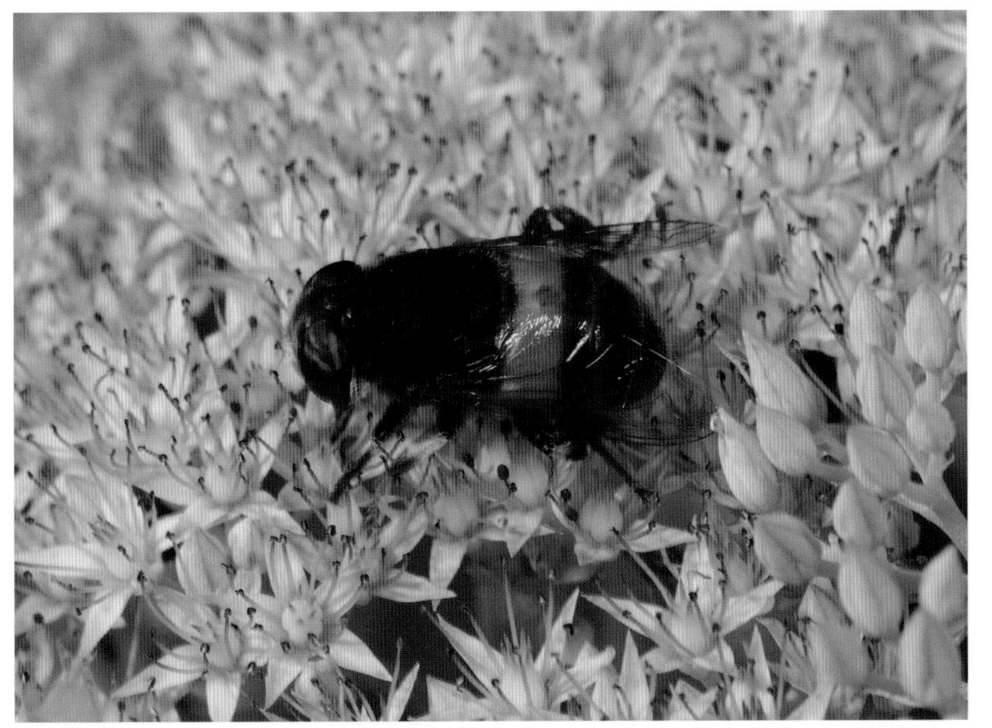

2022 年 9 月 7 日，八宝景天

2022 年 9 月 7 日，八宝景天

93. 食蚜蝇 1 Syrphidae 1

2020 年 4 月 27 日，栾树

2020 年 4 月 27 日，栾树

2020 年 4 月 27 日，栾树

2020 年 4 月 27 日，栾树

94. 食蚜蝇 2 Syrphidae 2

2021 年 9 月 30 日，幼虫

2021 年 9 月 30 日，幼虫

2021年9月30日，幼虫

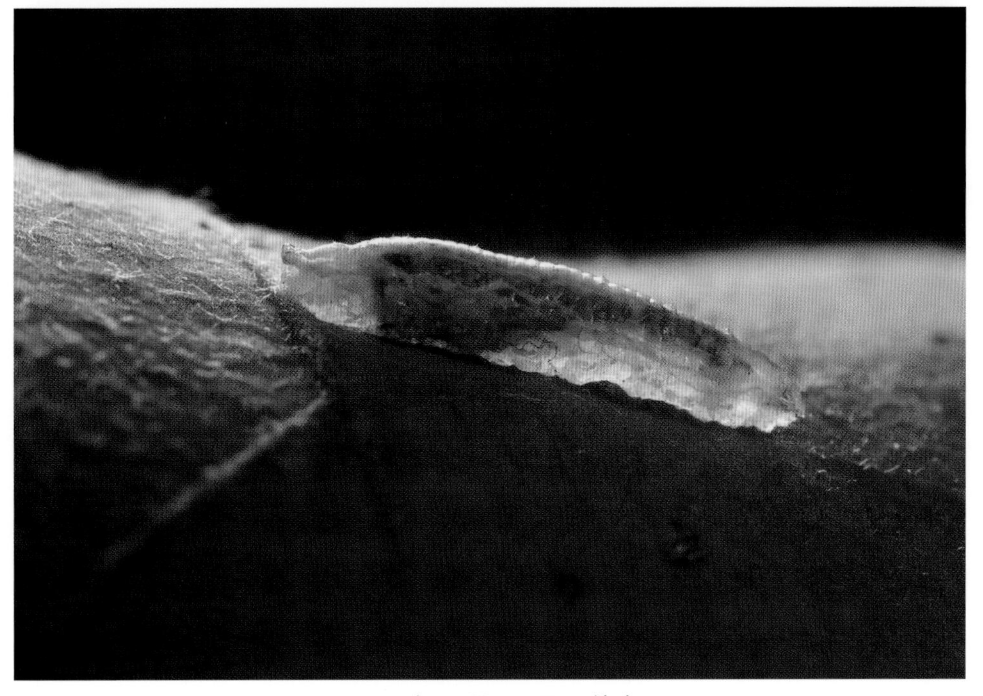

2021年9月30日，幼虫

95. 潜蝇 Agromyzidae

2022年5月12日

2022年5月12日

2022年5月12日

2022年5月12日

双翅目 Diptera

96. 追寄蝇 *Exorista* sp.

2020 年 7 月 9 日

2020 年 7 月 9 日

2020年7月13日

半翅目

蜚蠊目

鳞翅目

脉翅目

膜翅目

鞘翅目

双翅目 >

螳螂目

缨翅目

直翅目

2020年7月13日

2020年7月13日

2020年7月13日

2020年7月13日

98. 中华刀螳 *Tenodera sinensis* Saussure

2022 年 9 月 2 日

2022 年 9 月 2 日

2020 年 7 月 9 日，皮蜕

99. 西花蓟马 *Frankliniella occidentalis* (Pergande)

2018 年 2 月 12 日

2018 年 2 月 12 日

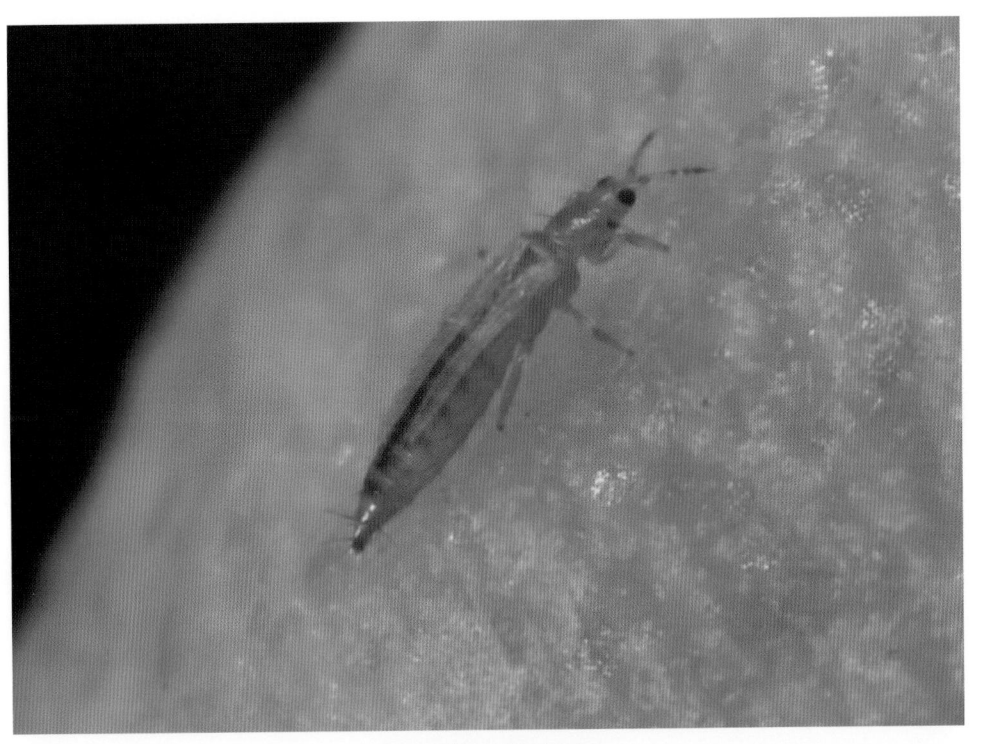

2018 年 2 月 12 日

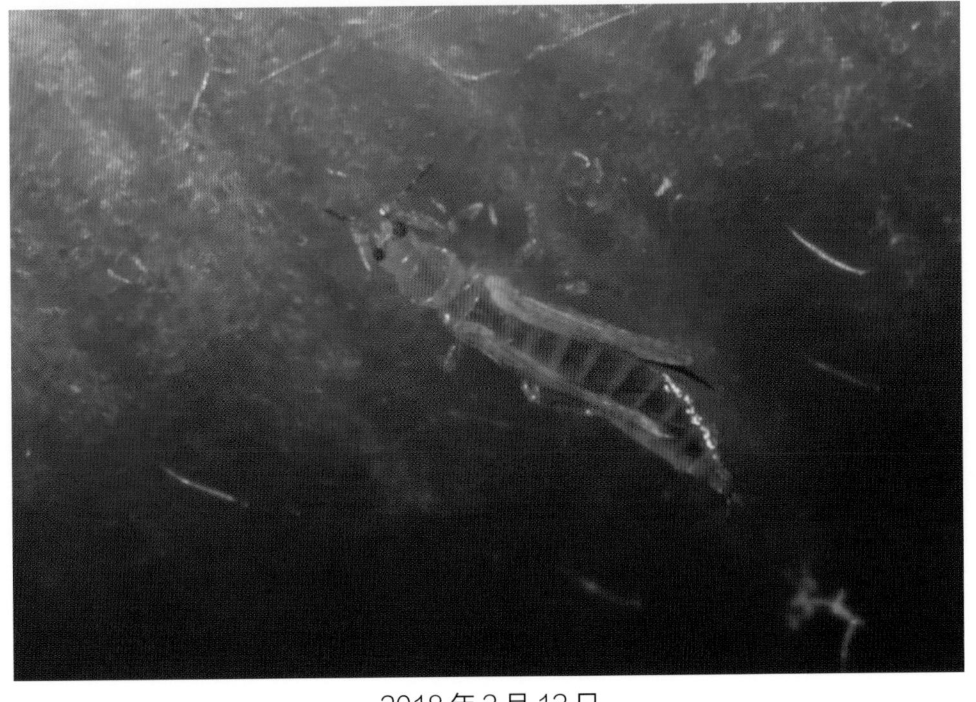

2018 年 2 月 12 日

半翅目
蜚蠊目
鳞翅目
脉翅目
膜翅目
鞘翅目
双翅目
螳螂目
缨翅目 >
直翅目

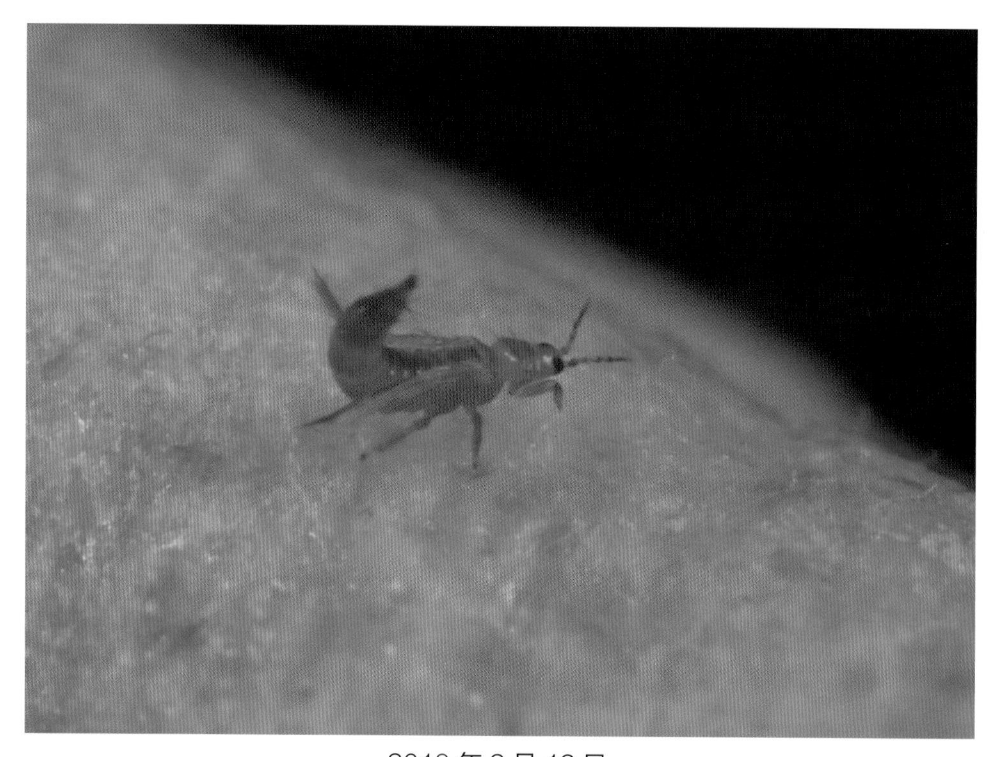

2018 年 2 月 12 日

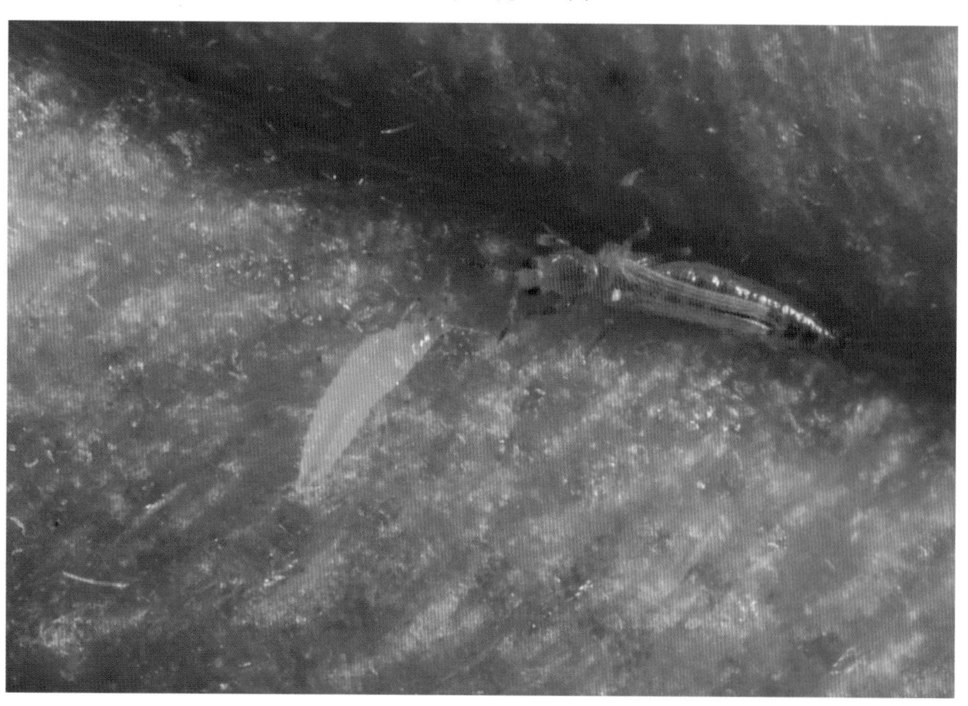

2018 年 2 月 12 日，左下为若虫

100. 北京油葫芦 *Teleogryllus emma* (Ohmachi *et* Matsuura)

2022 年 9 月 22 日

2022 年 9 月 22 日

2022 年 9 月 22 日

2022 年 9 月 22 日

中文名称索引

Z

学名索引